自控力让我更出色

做个有出息的青少年

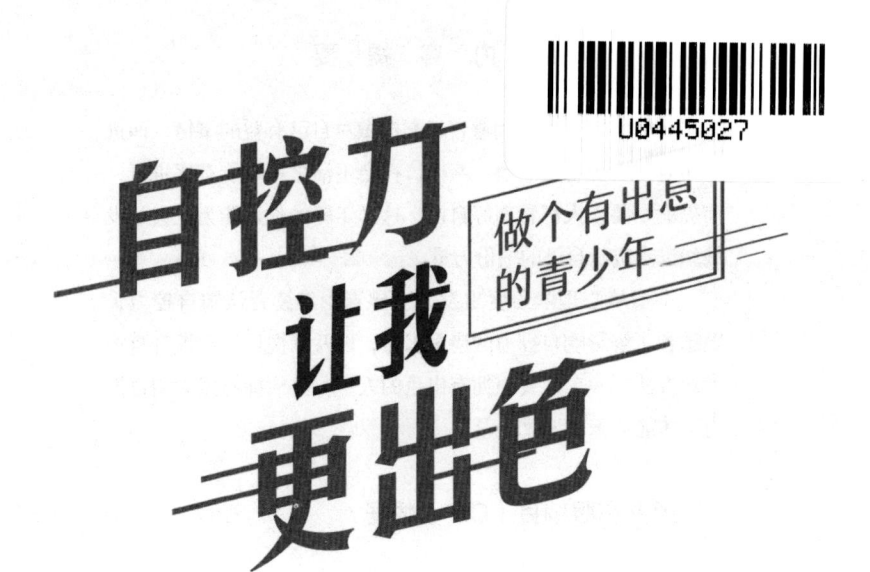

康纯佳 ◎ 著

中国纺织出版社有限公司

内 容 提 要

人的本能就是趋利避害，喜欢做对自己有益的事情，而逃避做对自己有害的事情。然而，社会生活之所以能有序进行，前提就是要人人都管理好自己，这样年轻的你才能为社会的发展和进步贡献自己的一份力量。

本书从心理学角度出发，引导青少年读者认知自控力，熟悉和了解影响自控力的诸多因素，以及掌握培养和提升自控力的方法。一个人要想拥有出色的人生，必须拥有强大的自控力，才能让未来绽放光彩。

图书在版编目（CIP）数据

自控力让我更出色 / 康纯佳著. --北京：中国纺织出版社有限公司，2020.8
（做个有出息的青少年）
ISBN 978-7-5180-7391-7

Ⅰ.①自… Ⅱ.①康… Ⅲ.①成功心理—青少年读物 Ⅳ.①B848.4-49

中国版本图书馆CIP数据核字（2020）第076546号

责任编辑：闫　星　　责任校对：韩雪丽　　责任印制：储志伟

中国纺织出版社有限公司出版发行
地址：北京市朝阳区百子湾东里A407号楼　邮政编码：100124
销售电话：010—67004422　传真：010—87155801
http://www.c-textilep.com
中国纺织出版社天猫旗舰店
官方微博http://weibo.com/2119887771
三河市宏盛印务有限公司印刷　各地新华书店经销
2020年8月第1版第1次印刷
开本：880×1230　1/32　印张：7
字数：116千字　定价：25.00元

凡购本书，如有缺页、倒页、脱页，由本社图书营销中心调换

前言

　　人是群居生物，每个人都要在社会生活中与他人相处，也要面对来自生活、工作等各个方面的压力，这也就注定了人会有很多的烦恼，也时常置身于各种消极和焦躁的情绪之中，如果青少年不能控制自己，而是选择成为情绪的奴隶，受到情绪的驱使，则未来难免会陷入焦虑的状态之中，也会失去对于自己生活的控制。显而易见，这样失控的人生不是青少年们想要的，也不会给青少年带来好的结果。

　　任何人，都想要有的放矢经营好人生，才能尽量让人生朝着预期的目标和方向发展。当然，人生并不总会按照计划进行，而是会遭遇各种难题和困境，也会发生形形色色的突发事件。没有人能够预知未来会发生什么，既然如此，就要以不变应万变。所谓不变，就是控制好自己，成为自己的主宰和驾驭者，所谓万变，就是外部变化莫测的人和事情，正是它们形成了我们所置身的瞬息万变的时代。

　　在古代社会，周瑜被诸葛亮气得吐血身亡，实际上这不是因为诸葛亮的能力很强大，有如神助，而是因为周瑜气性大，脾气暴躁，所以不能很好地控制自己，为此才会被诸葛亮气得怒火中烧，一口气上不来，却顶上来鲜血。古人说气大伤身其实是有道理的，也曾经有名人说每个人最大的敌人就是自己，这些都很有道理。在这种情况下，青少年一定要学会主宰情绪，驾驭自己，才能在人生之中有更快速地成长。

　　细心的朋友们总是会有这样的感受，那就是当心情愉悦的时候，不管看到什么都会觉得很好，充满新奇、喜悦。反之，当心情郁郁寡欢的时候，哪怕面对着美景也感觉非常黯淡，甚至认为整个世界都被蒙上了一层厚厚的灰尘。这样的人很容易被情绪掌控，导致自己的理性思考也受到影响。这是一个唯物主义的世界，而不是唯心主义的世界，为此我们的心思再正确，也都无法改变世界。但是，青少年却可以通过调整情绪、自我控制来面对世界。这样的灵活与变通，是每个人想要获得美好充实生活都需要做到的。

　　有人说人生是短暂的，有人说人生是漫长的。不管是漫长还是短暂，在人生之中，每个人都会经历很多事情，这些经历成为人生的经验，对少年的成长和成熟起到积极的作用，也会产生强大的推动力。面对人生中各种各样的经历，情绪消极、心态沮丧的人只会感受到绝望，而只有情绪积极、心态乐观向上的人，才会从经历中收获经验，哪怕遭遇失败，也能始终鼓舞自己勇往直前，绝不放弃。

　　当然，尽信书不如无书，任何时候都不要对于得来的东西太过迷信，而是要加入自己的思考，结合人生中的切实经验，才能获得真正的收获。无论如何，掌控自身的情绪都是青少年们不可或缺的生存智慧和本领，只有做到气定神闲从容应对人生，才能对于生命历程中出现的一切都勇敢面对，正确处理和解决。

有很多青年朋友会抱怨自己非常平庸，而羡慕成功者能够获得巨大的成功，获得光鲜亮丽，也能够做出独特的贡献，创造伟大的奇迹。当然，一个人之所以能获得成功，一定有着自己的独特和过人之处，甚至还得到了贵人的相助。但是，真正的成功从来不仅仅是因为外部因素获得的，而是要具有内部的驱动力量，这样才能让自己变得更加强大和无所畏惧。每一个成功者都有成功的理由，但是所有的成功者都有一个共同点，那就是能够自控，不管在什么情况下，都坚持做自己的主宰和驾驭者。有人说自控力是虚无缥缈的，其实不然。自控力虽然看不到、摸不着，但是对于人起到很大的作用，也会在不知不觉间影响人们的言行举止和人生表现。

从现在开始，让我们更加重视自控力，把培养和提升自控力作为重中之重吧！早一天拥有自控力，我们就能早一天驾驭自己，我们的人生就会早一天具有更加深刻的意义和更加美好的、值得期待的未来！

作者

2019年12月

目录

第01章　我们掌控自己的大脑，却很难掌控自己的身体 ◎ 001

　　青少年为何难以成为自己期望的样子 ◎ 002
　　走出误区，青少年才能更好地自控 ◎ 005
　　不能改变环境，就改变自己 ◎ 010
　　及时得到反馈，才能加强自控力 ◎ 013
　　营造自律的环境，拥有更强自律力 ◎ 015

第02章　追风的少年：你的堕落，皆因缺乏自控力 ◎ 019

　　青少年不成功到底为什么 ◎ 020
　　缺乏自控力的青少年，总是自卑沮丧 ◎ 024
　　有自控力，青少年才能主宰和驾驭情绪 ◎ 027
　　自控力让青少年不轻易言弃 ◎ 031
　　崛起吧，青少年 ◎ 037
　　增强自控力，要把握关键因素 ◎ 040

第03章　青少年缺乏意志力，就无从谈起自控力 ◎ 045

　　注意力涣散，导致青少年缺乏意志力 ◎ 046
　　唯有信念坚定，青少年才能意志力顽强 ◎ 049
　　有耐心，意志力就有了脊梁 ◎ 052

掌控欲望，成为欲望的主宰 ◎ 057

把握相信的力量，创造生命的奇迹 ◎ 059

第04章　情绪自控力：少年，你不好的情绪会让一切失控 ◎ 063

一年有四季，青少年的情绪有周期 ◎ 064

对于负面情绪，青少年要疏也要堵 ◎ 067

勤于练习，好情绪相伴美好青春期 ◎ 070

增强自控力，避免"踢猫效应" ◎ 075

转换不合理的情绪模式，成为淡定少年 ◎ 078

第05章　拖延自控力：拖延是时间的盗贼，

　　　　　是青少年自控的阻碍 ◎ 083

远离拖延症，青少年才能更高效 ◎ 084

拖延症真是天生的吗 ◎ 088

少年，不要眼看着自己变成拖延症患者 ◎ 091

形成时间观念，青少年才能珍惜时间 ◎ 094

提升紧迫感，追风少年跑在时间前面 ◎ 098

第06章　欲望自控力：少年，

　　　　　别被欲望所累而无法翱翔碧空 ◎ 103

鱼与熊掌不可兼得也 ◎ 104

知足常乐，青少年不要盲目攀比 ◎ 106

虚荣心让少年陷入痛苦的深渊 ◎ 110

世界上并没有真正的完美 ◎ 113

适度，理应成为青少年的人生准则 ◎ 115

第07章　形象自控力：年轻人，
　　　　　每天的好形象会让你的印象分持续看涨 ◎ 119

关注自身形象，少年才能给人留好印象 ◎ 120

不要放任你年轻的身材横向发展 ◎ 123

只知道运动重要还不够，坚持运动是王道 ◎ 126

坚持做独特的自己，活出青春的样子 ◎ 130

人是衣服马是鞍，得体的服装为少年加分 ◎ 132

头发是好形象的重中之重 ◎ 135

合理作息，才能劳逸结合 ◎ 138

第08章　习惯自控力：习惯的力量惊人，
　　　　　好习惯让年少的你受益一生 ◎ 143

少年需要制约机制管理自己 ◎ 144

远离"心理许可证"，好少年自控力更强 ◎ 147

安逸的舒适区不利于少年增强自控力 ◎ 151

不要总是把希望寄托在明天 ◎ 154

不接受结果，少年应该怎么做 ◎ 157

明智的少年再也不会找借口 ◎ 159

第09章 思维自控力：掌控思想，才是掌控蓬勃生命的本身 ◎ 163

心态积极的少年，关注希望和梦想 ◎ 164

身心合一，让少年的自控力更强大 ◎ 166

面对人生，少年才能掌握主动权 ◎ 169

不恐惧的少年，拥有更从容的人生 ◎ 173

坚定不移奔向你想要的目标 ◎ 176

不放弃，才是青少年强大的态度 ◎ 179

第10章 时间自控力：少年，你的时间比你想象得更有限 ◎ 183

少年朋友，你是真忙还是假忙 ◎ 184

全力以赴做重要且紧急的事情 ◎ 188

抽出时间，重新制订合理的计划 ◎ 191

青少年要把自制力用在当下 ◎ 194

青少年要学会把时间归零为整 ◎ 199

明智的少年会保持人生的平衡 ◎ 202

不要为毫无意义的人和事情浪费时间 ◎ 206

朋友，你知道番茄闹钟吗 ◎ 210

参考文献 ◎ 214

第 01 章
我们掌控自己的大脑,却很难掌控自己的身体

有一句话在网络上特别流行,晚上想想千条路,早晨醒来走老路。这句话形象地说明大多人都可以掌控自己的大脑,因而总是迸发出各种奇思妙想,但是却很难掌控自己的身体,为此执行力很差。很多人都曾经想过自己要在生活中做出改变,如买一套床品,换一份工作,改变懈怠的状态努力学习,把房里打扫得干干净净……各种各样的想法层出不穷,但是真正被付诸实践的想法却少之又少。为何我们如此渴望改变自己,最终却在涌现出无数想法之后并没有做出任何改变呢?就是因为我们总是热衷于控制自己的大脑,而我们的身体却不愿意被大脑指挥,常常会表现出排斥和抗拒,也根本不愿意配合实际行动。

青少年为何难以成为自己期望的样子

此时此刻,看到这本书,看到这一页,你应该放下手中正在做的事情,清空脑海中的所有想法,问问自己:我活成自己所期望的样子了吗?听起来,变成自己所期望的样子非常美妙,遗憾的是,真正能够做到这一点的人少之又少。现实生活中,有太多人对于自己的期望只存在于想象之中,是因为他们从来不愿意费心劳力地去改变,更没有足够的力量推动自己朝着期望的方向发展。为此,我们很难成为自己所期望的样子,甚至还会距离自己所期望的样子渐行渐远。那么,你还能忍受自己多久呢?如果你很清楚自己不能继续忍耐,不能面对无法让自己满意的自己,那么你必须当机立断开始改变。

众所周知,习惯的力量是非常强大的,很多人都梦想着做出改变,但是他们从未有的放矢地获得成功,就是因为习惯在发生作用。要想让改变当即发生,我们就要积极地投入改变之中,展开实际行动进行哪怕是非常微小的改变。否则,始终让改变停留在空想状态,改变根本不可能出现。

要想改变行为习惯,尤其是那些根深蒂固的行为习惯是很艰难的一件事情。而在做出积极的改变之后,如果我们不能把这种好的行为习惯坚持下来,使其成为理所当然的行为,那么暂时的改变就毫无意义。对于青少年而言，这一点更难做到。这是因为青少年对于自己的管理和控制能力相对较弱，往往不能合理约束和管控自己。为此，青少年要想变成自己所期望的样子，除了要积极主动进行改变之外，还可以寻求外部的约束和管理力量，诸如让父母监督自己，树立榜样等，这些都是不错的选择。改变很难，坚持改变则是难上加难的事情，要想让改变始终保持下去，就一定要付出全方位的努力。

在现实生活中，有些改变是大动作，有些改变则看似微不足道。作为青少年，做出任何改变都应该是积极的，而且要对于生活质量的提升有意义。当然，不要总是不屑于做出小的改变，很多时候，小小的改变就能给人生带来转折，也只有习惯进行和坚持小的改变，我们才能不断地增强自控力，让自己未来在面对重大的改变时也能一如既往坚持下去。凡事都有一个过程，切勿企图一口吃成个胖子，也不要希望能够在一天的时间里就建成罗马城。尤其是对于青少年而言，成长和进步都是缓慢的过程，一定要有的放矢，戒骄戒躁，也要摆脱急功近利的心，这样才能始终一往无前，坚持不懈。

具体而言，改变之所以很难进行，是有根本原因的。

第一点，我们始终如同鸵鸟一样把头埋藏在沙土里，以为这样就能保护好自己，却不知道自己的整个身体都露在外面，暴露在危险之中，与其这样自欺欺人，还不如把头从沙土里抬起来，这样至少可以看到危险，也能够及时应对。勇敢面对和接受自己真的需要改变，这是最重要的，否则我们就会自欺欺人，最终导致在不得不面对危险的时候惊慌失措，无法应对。

第二点，我们要意识到惯性行为的强大力量。很多人对于习惯的力量不以为然，觉得不就是一个好习惯或者坏习惯么，根本没什么大不了的。最可怕的不是我们能够意识到存在的习惯，而是那些我们无法意识到存在的习惯。在习惯的惯性作用下，我们不知不觉间做出选择和决定，展开行为。这就像是一个人知道自己犯错了，可以积极改正，反之一个人如果压根不知道自己犯错，又怎么会主动改正呢！为此，不要总是对习惯不以为然。对于好习惯，我们当然要继续维持下去，而对于糟糕的习惯，我们必须立即改变，这样才能最大限度减少坏习惯对于我们的负面影响。

第三点，当需要改变的时候，要知道如何改变。很多年幼的孩子在被父母指出犯错之后，总是一脸茫然和无助，这是因为此时此刻他们虽然在父母的提醒下知道自己犯错了，但是却压根不知道自己到底哪里犯错了，也不知道自己要如何改正错误。明智的父母会在为孩子指出错误的时候，告诉孩子如何改正。同样的道理，青少年正处于成长的关键时期，对于自身的很多错误未必有清醒的认知，也未必能够及时改正，为此可以寻求帮助，让父母告诉自己怎么做才是对的，在此基础上再督促自己积极地改掉错误行为，形成良好的习惯，这当然是有助于孩子成长和进步的。

其实，改变并非我们所想象得那么艰难，也不是无法开始的。只要我们从心底里认识到改变的重要性，也能够积极地当机立断开展行动。我们的力量就会变得更加强大，我们的未来就会变得更加璀璨。当然，改变不要拖延，而是要从当下这一刻开始做起，这样才能发挥最好的作用。还需要记住的是，除非我们心甘情愿改变，否则没有任何人能够强迫我们改变。为此，从内心认识到改变的必要性，也愿意做出改变，这是实现成功的最重要的前提条件。

走出误区，青少年才能更好地自控

如果我们不想改变，那么面对哪怕是为我们好的，各种足以诱使我们的行为发生改变的规定，我们也依然会想出各种各样的借口来断言这些规定是不合理的，是没有价值和意义的。最终的结果是，如果有很多人都反对规定，而且这种规定也无法上升到法律的高度，那么人们一定会获胜。因为人的本能就是趋利避害，人人都想要更加自由自在、舒适惬意地生活，而不愿意被约束和管教。这直接导致在真正做出改变之前，人们就会掉入改变的误区，从而给予自己冠冕堂皇的理由，让自己继续逍遥自在，远离改变。

很多人天生就喜欢也擅长逃避各种各样的问题，并且还会很轻而易举就形成逃避的固有思维，正是在这套思维的作用下，我们总是能够找出各种借口和理由为自己开脱。例如，一个严重肥胖的人之所以不能主动坚持锻炼身体，根本原因是他还没有认识到肥胖的严重性，也没有把这个问题上升到一定的高度，当机立断去解决。但是他可不会这么想，他会告诉身边的人：工作太忙，没有时间，膝盖不好所以不能跑步，有些贫血所以经常头晕等。这些理由千奇百怪，让人听起来感到匪夷所思，但是把这些理由作为借口的人却认为一切都理所当然，因为他们只活在自己的逻辑里。再说说现代社会中很多人都关注的养老问题，很多子女对于父母漠不关心，即使在父母生病的时候也不愿意抽出时间带着父母去就诊，这不是因为他们真的工作忙碌分不开身，而是因为他们从未把父母放在该有的位置上。如果现在生病的人换成是孩子，则作为父母的人一定会当机立断放下手里的一切事情，带着孩子求医问诊，并且给予孩子精心的照顾。所以不是做不到，而只是重视不够而已。只有发自内心地认为一件事情真的很重要，才能把事情列入待办事项，也才能拼尽全力把事情做得更好。

改变有很多的误区，对于意志力不够坚定的青少年而言，更要认识到改变的重要性，才能真正重视该做的事情，竭尽所能把事情做好。否则，总是觉得很多改变没有必要做出，自然就不可能主动改变，即使在被动改变的时候，也会为自己开脱，让自己看似有充分的理由拒绝改变。

很多青少年之所以推迟改变，是因为他们对于自己的意志力过于高估，他们错误地认为自己的意志力非常坚强，在面对各种各样的诱惑时都能战胜诱惑，也能主宰自己。殊不知，诱惑的力量是非常强大的，与此同时，我们的意志力也是非常薄弱的。当一个人很自负，就会低估自己所要面对的困难，当一个人很自信，就会过分得意。为此，切勿在面对人生中的很多诱惑时怀着轻视的态度，而是要中肯地认识自己的能力，也要客观评价自己的意志力和自控力，这样才能未雨绸缪做好准备，切实帮助自己战胜诱惑。

还有的青少年误以为自己之所以不能做到很多事情，是因为他们不知道。他们常常把一句话挂在嘴边，"我要是知道，我一定会……"，这样的话谁都会说。最重要的在于，我们要把这些话变成现实，真正做到。毫无疑问，做到比说到的难度大得多。作为青少年，在面对人生的各种坎坷困境时，一定要未雨绸缪把很多问题想到前面，把很多准备提前做好，这样才能激发自身的潜能，让自己变得更加强大，也才能让自己坚定不移勇往直前。要清楚地知道，很多事情即使你早就知道，也未必能够做到，所以不要再以不知道作为逃避的理由和借口，而是要给予自己切实的推动力，让自己始终都能勇往直前，获得长足的进步和发展。

很多青少年明知道自己急需要改变，却总是拖延。他们自我安慰的方式花样百出，有的青少年认为当天是个非常特殊的日子,为此在计划和安排上可以有例外;也有的青少年觉得自己做得虽然不够好,但是却至少比身边的某一个同学或某一个朋友强。这样想着,他们就会迷失自我,也会对自己放松要求。在这种心态的影响下,他们即使已经郑重其事地为自己制订了行动计划,也下定决心马上就改变自己,却最终还是无限度拖延下去,使得自己日复一日、年复一年地懈怠。面对这种情况,青少年必须提升自己的执行力,避免让自己成为思想上的巨人,行动上的矮子,也避免自己陷入各种被动的局面之中无法自拔,内心犹豫不安。

对于每个人而言,时间和精力都是有限的,要把重要的时间和大量的精力都集中用于做重要且紧急的事情,而不要总是白白浪费时间,也任由生命悄然流逝。正如大文豪鲁迅先生所说,时间是组成生命的材料,浪费别人的时间无异于谋财害命。那么浪费自己的时间呢?即便作为青少年还有漫长的人生道路要走,浪费自己的时间也等于是慢性自杀。从此时此刻开始,就要养成珍惜时间的好习惯,集中精力做好该做的事情,从当下这一刻就要开始改变。俗话说,万里之行始于足下,对于青少年而言,再大的改变也要从当下这一刻切实展开行动开始。

退一步而言,即便真的做出改变,也不意味着从此之后一劳永逸。好的行为习惯养成需要漫长的时间去坚持,去固化,而不要在暂时做出改变之后就沾沾自喜,更不要在好习惯刚开始养成的时候就松懈。只有坚持不懈，才能最终让好习惯根深蒂固，对我们的成长和发展起到积极的作用。只有认识到好习惯的养成非常重要，且难度很大，我们才能更好地养成习惯。在这个世界上，万事万物都处于变化之中，包括人在内，也是在不断变化的。习惯的养成也不是一成不变的，而是要始终根据自身的情况和事情发展的状态进行调整，这样才能更加符合实际情况，也才能真正事半功倍。很多青少年追求个性，总是喊着"做自己"的口号，每当需要改变的时候就非常抵触，根本不愿意切实改变，而完全放纵自己，任由自己按照喜好去发展和成长。其实，他们对于"做自己"的理解有失偏颇，所谓做自己并不是不能改变，而是要把自己变得更好，变得更优秀和杰出。做自己，从来不是不思进取的代名词，每一个想要做真实的自己，做好自己的人，都是很热衷于改变的。因为他们很清楚，每一次改变都意味着进步和成长，每一次改变都是难得的蜕变。任何时候，我们都要全力以赴去改变，这样才能让自己出类拔萃，与众不同，真正有个性、有坚持、有原则。尤其是那些自诩有自知之明的人，更是要认清楚自己是真的自知，还是仅仅以自知来排斥和抗拒改变。世界日新月异，我们要想实现梦想，成为自己理想中的样子，就必须走出误区，积极地改变，才能在人生的道路上坚持进取，勇往直前。

不能改变环境，就改变自己

每个人都生活在社会的大环境中，也生活在自身所处的小环境中。人与环境是相互作用的关系，人不仅仅要依赖于环境生存，人的很多言行举止也会改变环境。现实生活中，很多人都在抱怨环境，觉得命运不公，也羡慕其他人事业有成，总是得到命运的偏爱和青睐。实际上，命运总是公平的，从不偏袒任何人，如果我们能够把抱怨的时间，用于改变自己，改善外部环境，那么一切的发展就会更好。

环境对于人的影响是非常大的，因为人生活在环境之中，所以常常会在不知不觉的状态下被环境改变。环境塑造了每个人的行为习惯，由此可见，环境对于人的成长至关重要。举个最简单的例子，如今在很多大城市里，堵车的现象时有发生，很多司机在开车上路遭遇堵车的时候，心情都会非常紧张和焦虑，甚至会因此而发怒。之所以出现这样的情况，司机的性格急躁、脾气不好是一方面原因，而糟糕的路况则是诱发司机发怒的更重要原因。如果想要改变这样的情况，只单纯的寄希望于有一天不再堵车自然不切实际，也要从内心深处改变自己，调整自己的心态和情绪，这样就会在成长的过程中有更好的表现，更加从容不迫地面对生活。

正如人们常说的，心若改变，世界也随之改变。在有条件的时候，为了保持好心态和愉悦的心情，我们可以有意识地置身于愉悦的环境气氛中,让自己表现得更加彬彬有礼。这是因为环境对我们的影响巨大,且具有持续的力量。所谓近朱者赤,近墨者黑,就是这个道理。作为青少年,从小时候主要在家里生活,但随着不断成长渐渐步入社会,与社会产生更加密切的联系,为此心境也不再单纯,而是会受到很多外部因素和环境的影响。这也是为什么很多父母抱怨孩子越大越是难以管教,反而没有小时候让父母省心的原因。作为青少年,要认识到环境在自然地发生改变,也要意识到自身的不断成长,把两方面综合起来考虑,从而对于自己的现状有更加清醒的认知。

作为一个经常乘坐飞机飞来飞去的"空中飞人",张伟曾经把坐飞机当成是一种享受,因为在飞机上他可以静下心来做一些工作,诸如起草文件、制订工作计划等。在几年的时间里,他都是如此。但是,如今的他却不这么认为,而是在每次下飞机的时候都感到很懊丧。难道飞机上的服务不好了吗?当然不是。正是因为飞机上的服务太好了,不但提供网络,而且还有频道众多的电视节目可以看,为此张伟在坐飞机的时候不再工作,而是选择看电影,或者看无聊的电视剧以打发时间。这样一来,他曾经坐飞机时完成工作的充实感一去不返,取而代之的是内心的空虚和懊丧:我为什么又没有控制好自己,偏偏要看那些狗血影视剧呢?

对于张伟而言,环境的改变,在无形中也改变了他和他工作的模式。正是这样的改变让他感到很糟糕，无法感到充实愉悦。为此，张伟必须马上改变刚刚形成的坏习惯，让自己继续坚持之前的好习惯。只要张伟能够战胜内心的懒惰和影视剧的吸引，重新做回自己之前的样子，他就可以找回内心的平静和充实。

　　环境与每个生命之间的关系真的非常奇怪。在无形中，环境改变着生命个体，塑造了单独生命个体的独特行为。而单独生命个体的行为，又反过来会作用于环境，改变环境。在飞机上，如果有很多人都能做到不看电视，而是看书，或者处理工作，那么整个飞机就会变成一个大的书吧，给予大家一个充满书香气息的空间和旅程。

　　青少年很容易受到外部环境的影响，是因为在团体之中，他们表现出很强的从众心理。他们渴望获得同龄人的认可和肯定，为此有的时候明知道他人的做法不够明智和理性，他们也会选择从众，而放弃了自己的想法和想要坚持的行为。当然，青少年也不能完全特立独行，毕竟每个人都生活在集体之中，都在有意或者无意之间受到其他人的影响和作用力，也要表现出适度的融合。当然，凡事皆有度，青少年不管是坚持做自己，改变环境，还是选择从众，改变自己，都不要放弃自己的原则。只有在尊重自己的基础上，做出选择，才是最为明智和理性的。一个人最大的成功，不是活成别人眼中的样子，也不是和变色龙一样总是藏身于环境之中让人看不见。只有真正地让自己变得更加坚定，我们才能做好自己，做最真实且优秀的自己。

及时得到反馈，才能加强自控力

要想增强自控力，除了要认识到改变的重要性和必要意义，采取适宜的方式进行改变之外，还要进行及时反馈，这样才能增强自控力。为此，一旦改变开始，不要只顾着去做，也要及时反省自己的行为，总结最终得到的结果，从而得到及时的反馈，这样才能强化改变的结果，也使得自控力得以增强。

众所周知，汽车在道路上行驶，速度非常快，为此一旦发生撞击，后果就很严重。当快速行驶的汽车撞击到行人，对于行人的伤害是致命的。即使是两辆汽车相撞，也往往会带来人员伤亡。为此，很多地区对于汽车超速事情都非常关注和重视，也总是采取各种措施来提醒司机在特定的区域里减速，保持限速之下的速度。然而事实证明，即使接连设置几个速度的提示牌，也无法让汽车马上减速，这是因为对于司机而言，继续保持之前的速度是更容易的，而改变速度，让速度慢下来，让他们觉得很难做到。后来，测速雷达问世，很多车辆在经过特定区域的时候被限速，同时被提醒"您已超速"，从此之后司机之中遵守行车速度的人变多了。从本质上而言，测速雷达对于司机来说就是一个速度反馈系统，它能够及时把速度反馈给司机，从而让司机马上采取制动措施。这样大大提升了行车安全，也让司机在"行动—反馈信息—做出反应"的过程中，合理控制好行车速度。不得不说，当司机长期得到这样的反馈信息并且做出相应的反应，久而久之，他们的行为习惯就开始改变，直到最终养成良好的习惯。

从心理学的角度而言，反馈是一个环，不停地循环往复。反馈环有四个节点，即证据、关联、推论和行动。雷达检测到超速就是证据，然后通过电子系统传递给司机，司机做出反应和判断，最终展开行动控制速度。反馈环的环环相扣，对于帮助司机改变行为习惯有很强的作用，也有很好的效果。对于青少年而言，要想改变行为，也要建立这样的反馈环，这样才能切实有效推动行动改变。

任何人之所以能够做出好的行为表现绝非偶然，而是有着内在逻辑性的。青少年也要认识到自己的行为具有内在逻辑性，并且建立一个反馈环，从而不断激励和督促自己保持良好行为，最终形成积极的习惯。有的时候，人们并非无力做出改变，而是没有意识到问题的重要性，因而也就没有建立反馈环。举例而言，一个糖尿病人总是无法控制好饮食，体重严重超标，但是不管医生怎么说、家人怎么劝，他们就是不愿意改变。直到有一天，医生给他们下达最后通牒，告知他们很有可能因此而瘫痪，或者失明，他们马上就能够控制饮食，也能够坚持进行体育锻炼。这是因为他们意识到了失明、瘫痪将会给自己带来的巨大痛苦，也意识到自己如果再不改变，就会悔之晚矣。为此，他们开始努力改变，做出积极的行为反应。再如，一个孩子始终不愿意学习，直到初中三年级，父母告诉他："如果你再不认真学习，考不上高中，那么你就没有学可以上，将来就要去建筑工地上搬砖，即使再热再冷，你都一天不得休息。"他意识到学习虽然辛苦，但是去建筑工地搬砖是更可怕的。为此，他当即努力学习，想利用所剩下的最后一个学期，让自己有所进步，至少能争取到上高中的机会。

一切的改变，都有一个完整的反馈环，也都具备反馈环的四个重要因素。所以青少年要想改变，首先要做的就是形成反馈环，以确凿的证据开启反馈环，再以具体的行动完善反馈环，从而让改变水到渠成。当然，证据很多时候并不会自己呈现，而是需要青少年主动去发现。青少年要养成自我反省的好习惯，时常反思自己在学习和生活中的各种表现，这样才能积极成长，让自己始终坚持好的改变，健康快乐面对生活。

营造自律的环境，拥有更强自律力

自律是受环境因素影响的，在有益于自律的环境里，孩子们的自律力会更强，也因为受到环境和其他人的影响，因而表现更好。相反，如果孩子所处的环境就是很懈怠的，而且身边的人也都很慵懒，不能在做事情的时候表现出很强的自律力，则孩子无形中就会受到影响，也会因此而导致心神涣散，无法管理和控制好自己。因而青少年要想提升自律力，就要创造自律的环境，从而有效提升自律力，让自己在行为举止方面都有很大的进步和提升。

每个人的行为都有内部的逻辑顺序，前文说过，诱因是开启行为的钥匙，但是在诱因和行为之间并非是条件反射的关系，不是一旦出现诱因就马上做出行为，而是在出现诱因之后，个体还会做出一系列的心理反应，最终才会有所行动。为此，我们要为自己创造自律的环境，其实就是为了增加自律的诱因，促使能让我们做出改变行为的诱因出现。

最近这段时间，刘薇和班级里几个特别爱美的女生走得很近，为此也变得爱打扮起来，把原本投入在学习上的时间和精力大量用于琢磨每天穿什么漂亮衣服，扎什么漂亮发型。渐渐地，刘薇的学习成绩严重下降，爸爸妈妈在发现刘薇的改变之后，非常着急，想方设法要帮助刘薇提升成绩，却没有良好的效果。后来，妈妈无意间发现刘薇的朋友变了，意识到应该是受到了不良影响，为此当即要求刘薇远离那些不爱学习、只顾着臭美的女孩，而是要和班级里的学霸、品学兼优的女孩走得更近一些。

晚上写作业的时候,刘薇原本是用梳妆台当写字桌的,因此她常常情不自禁照镜子,还会写一会儿作业就开始对着镜子研究新发型。妈妈当即让爸爸把梳妆台搬走,而是换了一张正经的书桌给刘薇使用。还要求刘薇书桌上只能留下写作业要用的东西,而把其他的东西都收起来。如此双管齐下,渐渐地,刘薇又把心思用在学习上,写作业的速度和质量都有明显的提升。

在这个事例中,刘薇之所以失去自制力,从专注于学习,到只想着把自己打扮得更漂亮一些,就是因为她受到了不良因素的影响。当然,这里所说的因素都是诱使刘薇分心的因素。妈妈在发现问题时,当机立断采取措施,首先让刘薇远离狐朋狗友,其次把刘薇写作业用的梳妆台换成书桌。这样一来,就最大程度消除了那些诱使刘薇分心的因素,从而让刘薇更加专注于学习。

青少年的注意力原本就很容易分散,这是因为他们还没有形成强大的自律力,为此很容易受到外部因素的影响。为了集中注意力,青少年要主动清除那些会让自己分心的因素,从而为自己创造更有利于集中注意力,也更加有利于增强自控力的环境。当良好的行为变成习惯,青少年在类似或者相同的环境中,就会顺其自然做出积极的举动,也会让自己有更好的成长和发展。

第 02 章

追风的少年：你的堕落，皆因缺乏自控力

现实生活中，有很多青少年都感到非常迷茫，他们不知道自己想要怎样的人生，也不知道自己的未来将会是什么样子。为此，他们整天浑浑噩噩，在其他同学努力学习、拼搏进取的时候，他们却任由时间白白浪费，任由生命悄然流逝。不得不说，这对于青少年而言是非常糟糕的状态，也是导致青少年堕落的主要原因。要想改变这样的情况，青少年就要增强自身的自控力，这样才能在成长过程中有更加出类拔萃的表现，也获得更大的进步。

青少年不成功到底为什么

很多人都在抱怨命运不公,因为他们眼睁睁看着别人取得了成功,而自己却在与失败纠缠,为此他们把这一切都归咎于命运,也认为自己哪怕再努力也不可能获得成功。难道作为一个失败者,失败的唯一原因就是命运不公吗?当然不是。每一个成功者都有自己成功的原因,每一个失败者也有自己失败的必然性。现代社会,有太多的人都在梦想着一夜成名,都想一蹴而就获得成功,却从未真正想过自己为什么不成功,又到底要怎么做才能获得成功。

曾经有心理学家经过研究发现,大多数人的先天条件相差无几,之所以有的人能够成功,有的人总是与失败结缘,是因为他们面对人生坎坷的态度截然不同。成功者面对人生坎坷,总是能够鼓起勇气奋勇向前,而失败者面对人生坎坷,却总是一蹶不振,再也没有尝试的勇气,内心充满了绝望。还有很多失败者缺乏自制力,他们一旦面对诱惑就无法控制自己,总是轻而易举向着诱惑缴械投降,也总是在与诱惑博弈的过程中失败。不可否认的是,每个人都趋利避害,都想生活得更安逸,最好成功从天而降。但是这样的可能性根本不存在,人人要想获得成功,都要付出千百倍的努力,而且在面对各种诱惑的时候能够坚定不移做好该做的事情,不坚持到最后一刻也绝不放弃。人生在世,面对的诱惑很多。俗话说,好吃莫若饺子,舒服莫若躺着。安逸舒适,对于大家就是一个很大的诱惑,有多少人为了避免吃苦和承受打击,选择安守本分,对于很多有难度的事情都选择放弃,或者采取敷衍了事的态度。这样的放弃就是最大的诱惑,一旦选择了放弃,不但远离了失败,也彻底失去了成功的可能性,使得结果更加糟糕。

青少年当然也渴望成功,他们希望拥有好成绩,男孩想让自己长得帅气,女孩想让自己长得漂亮……总之,每个人对于人生都有各种各样的幻想,也充满了憧憬和渴望。那么就要坚定不移走好属于自己的人生之路,也要不遗余力去努力,这样才能在成长的道路上始终坚持前行,也始终不忘初心。

科比从小就梦想着自己能够进入NBA,成为一位球员。他的身高很高,将近两米,这为科比进入NBA提供了有利的条件。但是在美国,一个普通的男孩要想成为大名鼎鼎的球星并不是一件容易的事情,因为有很多热爱篮球事业的男孩都从小学习篮球,他们都和科比有着相同的梦想。在他们之中,最终真正能够如愿以偿进入NBA的人少之又少,简直凤毛麟角,科比就是其中的一个。那么,科比是如何做到的呢?

曾经,有记者采访科比,问科比是如何获得成功的。科比没有回答记者的问题,而是反问记者:"你知道在凌晨四点,洛杉矶是一副怎样的景象吗？"记者对于科比这个看似无厘头的问题无言以对，只好老老实实摇头回答："不知道。你知道吗？"科比说："当然。我每天凌晨四点起床，走在空无一人的街道上，街道特别黑，安安静静的，没有了白天的喧哗。天上有很多星星，陪着我一起朝前走。这十几年来，我每天都在凌晨四点走过街道，一切似乎并没有明显的改变，只是我从那个怀揣着梦想的小男孩，变成了NBA的球员。"

原来，科比每天凌晨四点都要起床开始训练。他训练的节奏非常密集，每周六天的训练，每天进行十六个小时的高强度训练。在假期的时候，他也没有闲着，只是适度休息，照常要进行常规训练和体能训练，例如，坚持做深蹲、握举，坚持进行四千次投篮。正是因为如此，科比才能在十几年的时间里产生蜕变，成为一个投篮命中率很高的优秀球员。

毫无疑问，科比能够做到这一点，一定与他热爱篮球事业有着密不可分的关系。但是，只有对篮球事业的热爱是远远不够的，科比还是一个具有超强自制力的人。正是因为如此，每当其他球员都在悠闲度假的时候，科比才能坚持训练。而在其他球员训练的时候，科比就对自己提出更高的要求和标准。众所周知，职业球员也是吃青春饭的，只有在体能最巅峰的时期，才能在球场上叱咤风云。但是科比一直活跃在球场上，这与他以自制力督促自己坚持训练有着密不可分的关系。和科比相比，NBA之前大名鼎鼎的"扣将"肖恩·坎普显然是反面事例。肖恩·坎普最初活跃在球场上的时候，简直是一颗耀眼的新星，很多人都以为他的职业生涯前途一片璀璨。然而，因为他饮食没有节制，身体变得越来越肥硕，为此他很快就跑不动，离开了赛场。又因为生活挥霍无度，他还宣布破产，生活变得非常凄惨。

一直以来，很多人都认为要确立目标、找到正确的方向，才能获得成功。却不知道在追求成功的漫长道路上，始终都能够坚持做好自我管理，从而让自己扬长避短，形成核心竞争力，是更为重要的。

作为青少年，不要再错误地认为自己之所以失败和碌碌无为，是因为没有找准正确的方向，确实，有兴趣、有天赋、有目标固然很重要，但是这些只能帮助我们憧憬未来，而不能帮助我们真正改变什么。

要想切实迈出通往成功的第一步，就一定要有自制力，要能够控制好自己，勇敢向前。

我们也许无法成为小飞侠科比，但是我们却可以做最闪耀的自己。从现在开始，请以强大的自制力督促自己努力进取，唯有如此，我们才能最大限度激发生命的潜能，也才能发挥自己的强大能量，创造生命的奇迹。

缺乏自控力的青少年，总是自卑沮丧

古人云，一鼓作气，再而衰，三而竭。意思是说，在战场上，当进军的锣鼓声响起，一定要第一时间抓住机会发起进攻，否则如果第一次进攻不成功，再想进攻就会变得很难。甚至在第三次进攻的时候，将士们会毫无信心。细心的人也会发现，有些人一次戒烟就能成功，而更多的人经历了若干次戒烟，却每次都以失败而告终。这是为什么呢？俗话说，有志者立志长，无志者常立志。这告诉我们当一个人有志气，就有很强的自控力，督促自己向着成功迈进。而如果一个人没有志气，就会每次都把自己立下的志向抛之脑后，又再次立志，最终还是毫无收获。这是因为他们没有自控力，更不能鞭策自己朝着志向坚持不懈地努力。从心理学的角度而言，这样反复地鼓劲再泄劲，只会导致自己如同泄了气的皮球一样，再也没有信心把事情做好。

要想有大志气，要想向着成功不懈努力，作为青少年一定要有自控力。尤其是在立下伟大志向之后，就要一鼓作气朝着目标努力，而不要轻易放弃志向。否则一旦有过一次轻易放弃志向，未来哪怕再立下志向，也很难获得成功。人，总是在不知不觉之中受到潜意识的影响，一旦在潜意识里埋下失败的种子，就会导致内心充满了沮丧失望，也会导致开展行动变得更加艰难。作为青少年，必须增强自制力，督促自己实现哪怕是一个小小的目标，这样就会受到成功的鼓舞，也会在成长的过程中变得更加无所畏惧。

艾薇从小就是一个胖乎乎的女孩，这种婴儿肥伴随她成长，到了十八岁的时候，艾薇长到了一米七二，但是她的体重也水涨船高，达到了前所未有的重量——一百七十斤。为此，艾薇穿衣服根本买不到号码，只能和身材肥胖的妈妈一样光顾大码女装店，穿那些既不好看，也不时尚的衣服。艾薇感到非常自卑，在有一次被班级里的女孩嘲笑之后，艾薇励志减肥，居然在半年的时间里，把体重减轻了五十斤，变成了一百二十斤。对于身高一米七二的艾薇来说，这样真是又高挑又纤细又美丽。艾薇对于自己的表现很满意，她充满了自信，很快还被一个优秀的男孩追求。

然而，艾薇正在热恋之中的时候，突然失恋了，原因是那个男孩移情别恋。受到这样沉重的打击，艾薇内心感到非常痛苦，也因此而承受了巨大的压力。她开始暴饮暴食，几个月的时间过去，就长到了一百八十斤，这已经突破了她的历史体重。因为过于肥胖，她的身体也出现亚健康状态，艾薇知道自己必须努力减肥。然而，这次减肥并没有第一次减肥那么顺利，艾薇总是不想坚持运动，每当吃东西的时候，也无法控制自己。她坚持告诉自己要减肥，但是越是这样，心中想要享用美食的欲望就越是强烈。最终，艾薇决定求助于心理医生。

在听完艾薇的讲述之后，心理医生问艾薇："你觉得，这次减肥，有什么东西或者想法困扰到你了吗？"艾薇说："我就是不想去跑步，心情不好的时候还很想吃东西，压根控制不住自己。"心理医生说："虽然你的行为倾向于自暴自弃，但是从理智上来讲，你还是很想减肥成功的，对不对？"艾薇点点头。心理医生说："那么，你想一想，你的心里有没有什么声音在告诉你不要减肥呢？"艾薇认真地想，回答："有的时候，我的心里会一闪而过一个念头，就算减肥成功又如何，我还是会被男朋友抛弃。而且，我的爸爸妈妈都很胖，我的家族肯定有肥胖基因。"心理医生恍然大悟，当即对艾薇说："肥胖的确是有基因的，但是基因并非不可战胜。你第一次减肥那么成功，就充分说明你可以恢复苗条的身材。这一次，你千万不要认为自己不管是胖还是瘦都无法拥有爱情，你要相信弃你而去的男孩根本不适合你，而一定有更美妙的爱情在等着你呢！只有拥有自信，相信自己会幸福，会成为世界上最美丽幸福的新娘，你才能鼓起勇气，继续减肥！当然，这次减肥成功之后一定要努力保持住，而不要因为一个不珍惜的男孩就放弃自己，好吗？"艾薇觉得心理医生说得很有道理，重重地点点头。解开心结之后，艾薇在减肥事业上充满了动力，又开始全力以赴去减肥。这次，历时一年之久，艾薇恢复到一百三十斤的体重，虽然不像之前那么瘦，不过看起来很丰满匀称。心理医生认为艾薇保持这样的身材就可以了，不过艾薇信心满满，她说:"为了自己,我必须坚持减到一百二十斤。"

原来,艾薇第二次减肥这么艰难,是因为她的心中埋藏了失败的种子。一则她认为自己的家族有肥胖基因,哪怕减下去也会很快胖起来,二则她认为自己就算又瘦又好看,也不能得到爱情,为此潜意识里自暴自弃。心理医生帮助艾薇重新建立了自信心,也间接激发起艾薇的自制力。有了强大的自制力,让减肥取得成功,艾薇才能变得更加自信,也更愿意打造自己的完美形象。

现代社会中,越来越多的人被肥胖困扰,是因为如今的生活水平高了,人们吃的喝的用的都更好了,为此惰性越来越强。其实,体重是可以减下来的,最重要的在于我们对于肥胖要有正确的认知,也要有足够的重视,这样才能始终鞭策和激励自己向肥胖宣战。一个人如果连自己的嘴巴都不能控制好,而总是暴饮暴食,那么在做其他事情的时候,也会因为缺乏自制力而陷入失败之中。

有自控力,青少年才能主宰和驾驭情绪

曾经有一位名人说,每个人最大的敌人都是自己。这句话听起来让人感觉匪夷所思,而认真想一想,却很有道理。古

诗云,不识庐山真面目,只缘身在此山中。每个人都是自己最熟悉的陌生人,也因为与自己没有任何距离,所以反而对自己看不清楚。很多人在生活中都会遭遇困扰,这些困扰有的来自外部世界,有的则来自我们的内心。当一个人被自己的内心困住,挣脱就会显得非常困难,这是因为内心是人最坚固的囚牢,也因为自身思维的惯性很难打破。人是有情绪的,很容易因为各种事情而陷入特殊的情绪状态之中,当被情绪问题困扰,再想控制住情绪就会很困难。由此可见,要想战胜自己真的很艰难,首先我们必须控制好自己的情绪,让自己始终保持平静和理性,从而才能从各种问题中跳脱出来,也才能深入剖析自己的内心状态,尽量解决难题。

日常的情绪看起来很温和,很友好,而一旦情绪陷入歇斯底里的状态,如同一个怪物那样让人无暇应对,让人就像发疯一样根本无法控制自己,这种情况下的情绪就像是一头怪兽,使人胆战心惊。很多人在陷入极端的情绪之中时还会做出很多过激的举动,导致等到情绪恢复平静,自己都不知道自己到底做了些什么,又在看到一片狼藉之后后悔不已。不得不说,这是非常糟糕的,对于孩子们的成长没有任何好处。作为青少年,一定要理性认知情绪对于人生的负面影响和作用,从而未雨绸缪,在情绪问题彻底爆发之前先做好准备,而不要等到情绪真的如同泛滥的洪水肆无忌惮地把我们淹没,再去感到懊悔。在三国时期,周瑜被诸葛亮气得吐血而亡,临死前还说

"既生瑜，何生亮"。其实，这不是因为诸葛亮真的有三头六臂非常厉害，而是因为周瑜不能控制好自己的情绪，导致自己被活活气死。

有个男孩脾气特别糟糕，动辄就会生气，还常常歇斯底里发脾气。每次生气，男孩都很受伤，是暴怒的情绪伤害了他。又因为总是小肚鸡肠、斤斤计较，所以男孩的人缘很差，就连父母也不愿意和男孩说话。但是，父亲想到如果任由男孩这样下去，将来男孩长大了一切会更加糟糕。思来想去，父亲决定再试一次，帮助男孩控制住坏脾气，主宰和驾驭情绪，这样男孩未来的人生之路也许会更好走一些。

父亲思来想去，使用各种方法劝说男孩要心平气和都没有效果，为此只好拿出一口袋钉子和一把锤子交给男孩。父亲对男孩说："从现在开始，你每一次生气，都要朝着你房间的木门上钉一颗钉子。"男孩很惊讶："这会把门都钉坏了。"父亲的态度很坚决："如果你担心把门钉坏，可以减少生气的次数，尽量保持心平气和。"男孩虽然对父亲的这个办法不以为然，但是还是照做了。在门上钉上第一颗钉子，男孩心疼不已，这可是崭新的木门啊。然而，让他惊讶的是，他第一天就钉了八颗钉子。男孩看着钉子瞠目结舌："难道我生气了八次？"父亲点点头，说："是不是觉得次数太多了？"男孩羞愧得满脸通红。此后的日子里，男孩非常努力地控制自己的脾气,在经过好几个月的自我管理后,他每天生气的次数终于开始减少。一年多之后,有一天男孩兴奋地告诉爸爸:"爸爸,今天我一天都没有生气,也没有在门上钉钉子。"父亲抚摸着男孩的头,笑着对男孩说:"幸亏你现在能控制自己了,否则门都快被钉得没有地方了。如果你能连续七天都不生气,也不钉钉子,那么七天之后每当有一天不生气,你就可以从门上拔掉一颗钉子。"让男孩没想到的是,钉钉子只用了一年多的时间,拔掉钉子却用了两年多的时间。此时,男孩已经长大了,看着千疮百孔的木门,他很抱歉,对爸爸说:"都怪我总是爱生气,把好好的门弄坏了。"爸爸语重心长对男孩说:"孩子,你看看,你就算把钉子全都拔掉,门上也留下了很多的伤痕。平日里你冲着别人发脾气,也像是在别人的心上钉钉子。虽然你后来消气了,把钉子拔出来了,但是别人心上的钉子眼却始终存在。以后,一定不要随随便便冲着别人发脾气,发脾气非但不能解决问题,还会伤感情,懂吗?"男孩点点头,向着父亲保证绝不再随便发脾气。

在这个事例中,爸爸采取这样可见的方式,帮助和引导男孩控制情绪,也形象地告诉男孩如果不能控制好情绪,就会给他人和自己带来很多伤害。情绪是一种本能,为此很多人都会发现在遭遇特定事情的时候,情绪如同条件反射般在短时间内爆发,简直不给人反应的时间。情绪虽然发生很快,但是并非不可控制,更深入一步而言,情绪的发生并不是因为事情,而是因为我们对于事情结果的预判。举个最简单的例子来说,如果这个时候有人掉入河水里,我们知道他是个游泳健将,也知道他一定能平平安安游到岸边,那么我们就不会特别着急和恐惧。反之,如果一个根本不会游泳的人掉入河里,而且河水还很深,周边也没有可以求助的人,我们预想到对方也许会死掉,那么心中一定万分恐惧,非常紧张。要想控制好情绪,我们就要预想到结果,这样才能更加有效地调整情绪。无须为了情绪失控而感到羞愧,因为情绪是人本能的反应,是每个人都会有的。我们要做的是疏导情绪,而不是任由情绪肆意发展。

当然,情绪的力量并非都是负面的,大多数时候,情绪会起到积极正向的作用和效果。哪怕是负面情绪的宣泄,也会让我们在他人面前表现得更加可爱。所以青少年朋友们无需视情绪为洪水猛兽,只要采取正确的态度面对情绪,也能够在情绪发生的时候,始终坚持正确的应对方式,我们就可以控制好自己,也尽量让情绪发挥积极的作用。

自控力让青少年不轻易言弃

一个没有自控力的人,常常会轻而易举放弃,一则是因为缺乏自控力导致他们的自信心很差,二则是因为缺乏自控力让他们没有决心和毅力坚持下去。为此，现实生活中，每当处境艰难的时候，我们常常会听到有人说"我坚持不下去了""我要放弃""我不想继续这样了"之类的话。这些话充满了负能量和糟糕的情绪，无形中就会让说出这些话的人更加懈怠，也会感染那些听到这些话的人，使得他们觉得自己仿佛也产生了相似的感受。不得不说，这样消极的话语，想要放弃的意愿，充满了负能量。

俗话说，人生不如意十之八九，在生命的历程中，有谁能够真正一帆风顺，从来不遭遇艰难坎坷呢？现实告诉我们，从未有人真的万事如意，而大多数人都活得很艰难，总是会遇到各种各样的困难。在这个世界上，有很多的失败者，穷尽一生碌碌无为，也有很多的成功者，他们获得了伟大的成就。难道和失败者相比，成功者得到了更多的偏爱和青睐吗？当然不是。其实和失败者相比，成功者只是具有更强大的自制力，也能够在各种艰难的境遇中始终坚持，绝不放弃而已。既然如此，要想获得成功，成为不折不扣的成功者，青少年就要勇敢地突破和超越自我，越是在艰难的时刻越是咬紧牙关决不放弃，这样才能激发自己的潜能和力量，让自己始终一往无前。

有人说，只要努力就有收获，这句话是骗人的。残酷的现实告诉我们，很多时候即使努力了也未必有收获。那么，我们就要因此放弃努力吗？当然不是。因为虽然努力了未必有收获，但是如果放弃努力，最终就会一无所获。所以我们一定要坚持努力，不到最后一刻不放弃，俗话说，笑到最后的人才是笑得最好的人，对于我们而言，也要坚持笑到最后。

放弃是一个魔咒，当一个人轻而易举放弃之后，他就常常会想到要放弃，而无法说服自己坚持下去。当一个人心中埋下放弃的种子，就总是会轻而易举放弃，很难打破这个魔咒。反之，如果一个人不管做什么事情都有一股被不服输的精神，都能说服自己坚持到底，则渐渐地，他内心的力量会越来越强大，在熬过艰难的时刻之后，他们就会发现一切并没有那么糟糕，也收获守得云开见月明的惊喜。

很多人放弃的理由都是外部的原因，例如，孩子翘课是因为同学拉他一起出去玩，年轻人辞职是因为同事不友善，女生放弃减肥是因为这个世界上有太多的美食……如果总是把一次又一次放弃的原因归咎于外部世界，何时才能激发自己心中的力量，让自己有更大的进步呢？只要想找理由和借口，总是能找出千奇百怪、五花八门的原因，最重要的在于我们要客观公正地认知自己，也不要回避放弃的真实原因。任何人想要放弃，一定是因为他们自己不想继续坚持下去，否则没有人能够让他们放弃。既然如此，还把放弃的原因归结于外部吗？为何不反思自己是否有足够的自制力，是否能在特别艰难的时刻里依然坚持，是否遭遇多少坎坷险阻都绝不放弃呢？有太多的时候，不是别人让我们怎么样，也不是我们的身体不能突破极限支撑下去，而是我们的心已经选择了放弃，我们的自制力太过薄弱。

很多人都知道褚时健的大名。曾经，褚时健把红塔山卷烟厂经营得风生水起，后来因为经济问题锒铛入狱，还失去了唯一的女儿。直到七十多岁，褚时健才因为身体原因被保外就医，很多人以为褚时健就此安心养老，却没想到他承包了荒山种橙子，和老伴扛起锄头就上了荒山。经过六年的时间，他种植的橙子终于结果了，他创立的品牌再次价值数千万。不得不说，褚时健老人是一个非常有自制力的人，所以他才能表现出顽强的意志力，也才能承受各种打击和磨难，而始终心怀希望，在人生的道路上奋勇向前。他最骄傲的事情，就是这一生没有白白度过。和褚时健老人相比，很多年轻人动辄就会放弃，遇到小小的困难马上退缩，一生之中虽然忙忙碌碌，却一事无成，原来都是在瞎忙和浪费时间而已。只有真正有自制力的人，才配得上精彩辉煌的人生。

作为一个老烟民，乔治的烟龄已经超过二十年，而且他每天都要抽两包烟。当然，在这二十年多年的时间里，他多次试图彻底戒掉香烟，但是却总是坚持不了多长时间就放弃，选择向香烟缴械投降。他戒烟最长的一次是一个月，那次医生说他的心脏很不好，而最短的一次只有几个小时。最近，乔治感到肺部越来越不舒服，他常常会气喘吁吁，而且在夜晚被咳嗽折磨得无法入睡。即便如此，乔治也不愿意戒烟，妻子给乔治下了最后通牒："我不想和一个自寻死路的人在一起生活,我还年轻,才四十多岁,如果你坚持要让自己患上肺癌,我只能选择现在就离开你,去寻找属于我的幸福。"眼看着家庭就要破裂了,乔治不得不寻求心理医生的帮助。在听乔治诉说了自己的戒烟经历后,心理医生对乔治长达一个月的戒烟经历非常感兴趣,询问乔治在戒烟的过程中是一种怎样的感受。

乔治说:"戒烟第一周,我感觉烟瘾犯了的时候如同百爪挠心,我吃了很多的糖果,还不停地喝水或者嚼口香糖,试图转移注意力。到了第二周,这种难受的感觉就没有那么明显了,但是我时不时就会想要抽烟。第三周,我觉得我真的要相信坚持就能创造奇迹,因为我对于香烟已经没有那么大的瘾了,只有当别人当着我的面吞云吐雾时,我会觉得有些怀念抽烟的感觉。到了第四周,我很确定我已经戒烟成功,为此我放松了警惕,也降低了对自己的要求。我想,既然我已经戒烟成功,那么在同事抽烟的时候,我可以和他们一起偶尔抽一根,作为消遣。正是这样的想法导致我前功尽弃,虽然时隔一个月再次抽烟我被呛得咳嗽起来,但是还是继续抽完了一根烟。后来,我还想证明戒烟是明智的选择,抽烟是错误的决定,为此又一次接过同事递过来的烟。结果,我的烟瘾越来越大,我又开始买烟了。从此之后,戒烟对我来说变得非常艰难,我连几个小时不抽烟都做不到。"心理医生告诉乔治:"你在成功戒烟一个月之久时,你的自控力很强,所以你才能控制住自己,让自己远离香烟。实际上，对于戒烟的人来说，第一周和第二周是最难熬的。你熬过来了，这充分说明你可以戒烟成功。遗憾的是，后来你主动接受同事的诱惑，从他们手中接过来香烟。这样一来，你的意志力马上土崩瓦解，自制力在此过程中也越来越弱。如果你能够意识到这个问题，继续增强自制力，让自己成功抵制香烟，那么你就能够成功。再试一次，你一定会觉得自己很伟大。"在心理医生的鼓励下，乔治再次戒烟。这一次，他整整两个月没有抽烟，而且因为有了前一次的教训，再也不想以诱惑的因素来挑战自制力，这次，他真的成功了。

很多人不是败给了别人，也不是败给了任何东西，而是败给了自己。不管做什么事情，我们都要坚持到底，才有可能获得成功，切勿半途而废。要知道，在生命的历程中，总有各种各样的诱惑在等着我们，向我们招手，只有真正意志力强大的人，才能真正主宰和驾驭生命，也获得了不起的人生。

一个人一旦失去自制力，就会无数次放弃，为此哪怕正在做一件很简单很容易的事情，我们也要严防死守，而不要给自制力可以崩溃的机会。很多事情，其实都取决于我们的内心，别人是无法勉强我们的。既然如此，我们就要尊重自己内心的力量，也要全力以赴主宰和把控自己的内心。

崛起吧，青少年

很多人都会感到困惑，因为他们明明在生命的历程中付出了很长时间的努力和坚持，但是最终却前功尽弃，并没有取得预想的结果。而有些人呢，看起来轻轻松松，也并没有那么吃力和费劲，就能够把事情做得很好，也可以让自己收获更多。这是为什么呢？究其原因，是因为前者做任何事情都没有坚持到底的决心和毅力，总是半途而废，而后者则不管在多么艰难的情况下都能坚持不懈，最大限度激发自己的力量，也总是绝不放弃。为此，他们哪怕做很小的事情也要看到最好的结果出现，渐渐地他们就形成了成功的好习惯，让成功成为一种惯性。

很多人都强调开始的重要性，也总是积极地迈出通往成功的第一步。而在真正开始之后，情况如果没有预期得那么顺利，他们就会非常沮丧，甚至一蹶不振，很快就开始动摇，想要放弃。不得不说，这对于最终获得成功绝对是不利的。真正明智的青少年在做任何事情的时候，都会极富毅力和韧性。既然这个世界上从未有一蹴而就的成功，也没有天上掉馅饼的好事情，我们为何不坚持等到最后看到结果呢！

有的时候，成功就在转角处等着我们，如果太早放弃，距离成功还很远。如果在最后一刻放弃，那么距离成功就只有一步之遥。但是不管何时放弃，只要没有坚持到成功到来，结果就是一样的。古人云,以五十步笑百步,意思是说在战场上那些逃跑了五十步的人嘲笑那些逃跑了一百步的人。其实,不管是逃跑了五十步,还是逃跑了一百步,都是不折不扣的逃兵。也许有些青少年朋友会说,如果距离成功只有一步之遥,谁还那么傻会选择放弃呢?的确,如果看到成功就在眼前,只要再走一步就能触摸到成功,当然没有人会放弃。但是,成功总是和我们躲猫猫、捉迷藏,有的时候哪怕成功就在眼前,它也会伪装成我们看不到的样子。这样一来,我们就会因为缺乏自控力,不能坚持,而与成功失之交臂。

伟大的发明家爱迪生,在寻找合适的材料作为灯丝使用时,付出了很多努力。他尝试了一千多种材料,进行了七千多次实验。有一次,实验失败,助理感到非常沮丧,抱怨道:"这样下去,什么时候才能获得成功呢?"爱迪生安慰助理:"虽然实验还是没有获得成功,但是经过这次失败,我们至少知道了这种材料是不适合用作灯丝的。这样一来,我们需要尝试的材料就少了一种,当然也算是小小的进步。"看到爱迪生这么积极乐观,助理也打起精神继续投入实验之中,最终爱迪生找到了当时最适合用作灯丝的材料,给全世界的人们都带来了光明。如果爱迪生不是这么能坚持,也没有如此强大的自控力,而是在失败几次就放弃了,那么电灯就不知道何时才会问世。

古今中外,有很多有所成就的成功者,或者具有天赋,或者有成功的潜质，或者遇到了好时候，但是他们还有一个共同点，那就是顽强坚毅，绝不放弃。大名鼎鼎的好莱坞硬汉史泰龙为了进军好莱坞，先是在好莱坞打杂，后来又创作剧本寻求导演合作。为了找到合作伙伴，他对当时好莱坞全部的五百家电影公司拜访了四遍，直到第1855次拜访的时候才获得成功。那么青少年朋友们，如果你也想获得和史泰龙一样成功，先问问自己能否坚持在被拒绝一千多次后依然努力不懈呢？如果能，那么恭喜你，因为你也有成功的潜质，你足够坚持；如果不能，那么就先不要奢求成功，而是要督促和激励自己在成长的道路上具有更强大的自控力，从而让自己不管遇到多么艰难的情况都始终能坚持不懈，绝不放弃。很多青少年都喜欢吃肯德基，一看到肯德基老爷爷的头像就会奔过去买美味的汉堡。时至今日，肯德基已经成为风靡世界的快餐，而在当年，肯德基老爷爷走投无路，带着炸鸡配方，开着破旧的老爷车，也是在被拒绝一千多次后才成功地把炸鸡配方推销出去。

从这些成功者的经历我们不难看出，没有人的成功轻轻松松就能获得，越是在追求成功的道路上，我们遭遇坎坷挫折的可能性也就越大。与其被动且无奈地应对，不如从现在就开始提升自控力，让自己变得更加坚强勇敢，也无所畏惧。当然，要想做到这一点，并不是只有雄心壮志就能做到的，而是要有明确的目标，也要有切实可行的计划作为指引，这样才能在人生之中砥砺前行。在前进的过程中，如果遇到困难和障碍，切勿轻而易举放弃，而是要始终坚持向前，也要努力奋进。唯有如此，成功才会绚烂绽放，也才会收获更好的结果。总而言之，正如一首歌里所唱的，不经历风雨，怎能见彩虹，没有人能随随便便成功。在追求成功的道路上，要为自己积累更多的资本，这样才会拥有更大的可能性获得成功。

增强自控力，要把握关键因素

据说在很多吸毒的瘾君子里，有很多人并非真的想吸毒，而是因为他们被好奇心打败，因而失去了自控力，导致自己一时失足。然而众所周知，毒品对于人的精神具有强大的摧毁力量。人们一旦沾染上毒瘾，再想戒掉，就会非常困难。其实，生命中的很多事情是不能尝试的，一旦尝试就没有回头的机会，一旦尝试就会导致自己在成长中迷失，再也无法回到正轨。青少年一定要远离黄赌毒，在正常的轨道上，才能让自己按部就班成长和发展。

当然，只从精神的角度来提升和增强自控力，并没有那么明显的效果。实际上，自控力作为一种心理上的强大力量，与很多心理因素都密切相关。如果能够把握这些至关重要的因素，就可以有的放矢调整内心的状态，增强心灵的力量，从而让自己在成长过程中有更好的表现。

首先，我们要知道哪些东西是我们真正想要的，是我们不能舍弃的。现实生活中，很多人都有着强烈的欲望，而且不管看到什么东西都特别想拥有。这直接导致他们面对人生拎不清，不知道哪些东西最重要，对于人生也没有清晰的目标和详细周密的规划。当孩子们处于这样的状态，他们在面对各种复杂的情况时，根本不知道对自己来说最重要的是什么，也不知道自己要坚持的是什么。例如，有的孩子最在乎成绩，那么就不要因为自己穿着的衣服没有同学的衣服昂贵，而感到沮丧。再如，有的孩子特别喜欢运动，最在乎自己在体育课上的表现，那么就要加强锻炼身体，而不要浑浑噩噩，更不要吝啬力气。当一个人明确自己的核心价值观，也知道自己在生命中真正想要得到的收获和结果，面对外界的诱惑，他们就会有更强的自制力。

其次，不要强烈控制自己，因为在内心的潜意识里，我们会产生抗拒的感觉。当初，罗密欧和朱丽叶的爱情被限制，为此他们爱得更加疯狂。如果你正在减肥，总是告诫自己一定不能吃，那么你就会发现自己更加无法抗拒美食的诱惑，而且更加迫切想要用美食来充实自己的胃部。所谓哪里有压迫哪里就有反抗，哪怕这场战争是我们自己与自己展开的，这种现象也同样存在。当特别渴望美食的时候，我们不妨安慰自己：如果我这周能够达到减重目标，那么下一周我就可以吃一个美味的鸡腿。这样一来，就可以安慰内心的空虚和强烈的欲望，也有助于控制自己的食欲。

　　再次，每个人的内心都是非常脆弱的，而且人人都有趋利避害的本能。对于自己坚决不想做的事情，我们总是会想出各种理由去逃避，而对于内心深处特别渴望去做的事情，我们也会想出形形色色的借口给予自己做的特权。例如，一个人特别爱喝酒，会告诉自己再喝一杯也没关系，一个孩子很厌恶写作业，就会安慰自己可以等到明天再写。在内心不断进行斗争的过程中，到底是欲望能够占据上风，还是自制力能够占据上风，往往决定了我们是否能够控制好自己，是否能够让自己有更好的表现。为了增强自制力，避免自制力无限减弱，我们要避免在心中和自己讨价还价，而是要给自己坚定不移的回答，告诫自己很多事情根本没有商量的余地。

　　最后，在为自己制订各种计划和约束条件的时候，也要考虑到可行性因素。例如，石油大王盖蒂在一家旅馆居住的时候，半夜三更突然犯了烟瘾，为此想要步行穿过几个街区去繁乱的火车站购买香烟。就在穿好衣服准备冒着雨外出的时候，他突然想到在陌生的城市里这么做是很危险的，也因此意识到自己被烟瘾控制住，为此他当即脱掉衣服回到床上呼呼大睡，从此之后彻底戒掉烟瘾，不再抽烟。当缺乏自制力的情况下，如果能够限制自己的条件，让自己远离那些不利于执行计划的因素，就会让控制自己的成功性大大提升。反之，如果总是靠近那些诱惑因素，那么自制力就会在无形中减弱。所以在制订计划的时候，就要考虑到可行性，只有面面俱到想在前面，才能让计划成功的可能性大大增强。

很多人之所以失去自控力，还与负面情绪有关。为了让自己具备更强大的内心，即使在遭遇困境或者打击的时候，也依然能够理性对待，约束和管理好自己，我们必须要具备自控力。在心情低落的时候，常常有人会自暴自弃，暴饮暴食，其实这是得不偿失的行为。虽然在大快朵颐的过程中，能够获得短暂的愉悦感，但是最终导致身材发胖，付出的代价却是惨重的。有自控力的人不会任由自己在情绪的驱使下做出失去理性的事情，而是会努力控制好自己的情绪，也尽量缓解和消除负面的情绪，从而保持情绪平静。记住，不管是什么坏习惯，一旦形成，就会给现在和将来带来很多的麻烦。与其等到坏的行为习惯养成，不如从现在开始就努力争取做到更好，成为自己的主宰，也成为人生的驾驭者，这样才是真正的成长和进步！

第 03 章
青少年缺乏意志力，就无从谈起自控力

顽强的意志力能够帮助人们在很多时候保持自控力，如受到诱惑的时候，想要动摇的时候，觉得内心脆弱和感情无助的时候……人在生命中的很多时候都会感到颓废沮丧、情绪消沉，无法控制好自己的力量，在这种时刻，就要拥有强大的自控力，才能有的放矢掌控好自己，让自己在生命之舟中始终成为掌舵人。

注意力涣散,导致青少年缺乏意志力

现代社会,随着各种电子产品的普及,越来越多的人无法拥有大段的时间,因为时间被切割得零碎,随之产生的更深一步的负面作用和影响是,很多人都注意力涣散,无法完全集中注意力做好每一件事情。很多细心的人都会发现自己总是情不自禁地沉迷于手机,或者玩手机游戏,或者在不知不觉之间花费大量的时间和精力刷微信,浏览朋友圈。不得不说,这些都是浪费时间,导致注意力涣散的根本原因。当人们习惯于把时间变得零碎,就无法以强大的意志力控制自己有的放矢集中精神和意志,做好该做的事情。

网络的普及给很多人都带来了极大的便利。例如,想要购物无需再去超市商场,只需要拿起手机,就可以在京东、苏宁易购、天猫超市等网站买到生活用品。不得不说,只有你想不到的,就没有在网络上买不到的。网络让很多人热衷于海淘,足不出户就可以购买到国外的优质商品和世界各地的美食,以及流行的服装等。然而,正是因为如此,有太多的人动辄就拿起手机开始浏览网站,而根本没有意识到时间悄然流逝,而且自己也因为过于频繁地看手机和电脑,导致根本无法专注地投入工作或者学习。电子通信的便捷,还让很多人在与人面对面交流的时候出现了沟通障碍，他们一则无法集中精神倾听对方或者表达自己，二则常常会情不自禁被电子产品吸引，因而导致效率低下。尤其是在家庭生活中，原本亲密的家庭成员之间沟通的机会越来越少。原本，中国人很注重饮食文化，每一个家庭在全体成员集中起来用餐的时候，也会说一些白天在学校里、单位里发生的趣事，一则是为了沟通感情，二则是为了交流信息。但是如今，有很多父母因为沉迷于手机而忽略了和孩子的沟通，有很多夫妻晚上躺在床上各自看着手机，根本没有欲望与对方交流。不得不说，这是非常可怕的事情，久而久之必然导致人情淡漠，也会使得人际关系疏远。

要想拥有更加强大的自控力，就要首先集中注意力。专注力是意志力的基础，唯有拥有专注力，才能集中精力做好该做的事情，也才能有的放矢面对人生中的各种境遇。当然，戒掉对于网络的沉迷和依恋只是表面工作，更重要的是，我们要有更强的自制力，这样才能控制好自己。尤其是如今上网不再只能依靠电脑，还可以利用智能手机。为此，更多的现代人需要做的是控制好使用手机的频率。曾经有调查机构经过调查指出，中国人每天摸手机的次数已经达到了150次，不得不说，这是非常可怕的一个数字，这意味着每个人除了必要的睡眠时间之外，每隔六分钟就要看一次手机。再想想我们如今总是情不自禁地拿起手机来看，浏览无关新闻和网页的情况，就知道这个统计数据绝非耸人听闻。还有教育人士提出，要禁止十六岁以下的孩子使用智能手机，也是考虑到孩子的自控力比较差，很难只凭着自觉就控制好自己不玩手机，不沉迷网络。也有网友在看到这个数据之后调侃，说有很多人每天只拿起一次手机，那就是早晨睁开眼睛拿起，等到晚上睡觉之前再放下。的确，这是非常可怕的现象，也会导致我们的人生因此而沉沦。

很多父母都会抱怨孩子做事情三心二意，无法保持专注力和意志力，总是虎头蛇尾。作为父母，在对孩子提出类似要求之前，首先应该扪心自问，反思自己可曾给孩子树立积极的榜样，在家庭生活中，更多地专注于某一件事情呢？现代社会，碎片时间催生了碎片文化，即便如此，也很少有人能够专心致志读完网络上一篇相对比较长的文章，更别说可以花费很多的时间读完一本书了。由此可见，注意力涣散是导致意志力薄弱的根本原因，只有先培养注意力，坚持做好一件事情，才能循序渐进提升意志力，让意志力变得更加强大。

此外，还要养成专注的好习惯。人的注意力是有限的，根本无法在同一时间内关注太多的事情，为此要学会取舍，把事情按照轻重缓急的顺序进行排列，从而有的放矢、按照顺序完成每一件事情。俗话说，贪多嚼不烂，如果想在同一时间完成很多的事情，只会导致什么都做不好。日常生活中，我们要有意识提升自己的注意力，如可以长久地读书，可以凝视某一件东西，可以坚持认真细致地观察，还可以限定时间让自己做好有一定挑战性的工作，这些对于提升注意力都有很好的效果。

唯有信念坚定，青少年才能意志力顽强

列宾是俄国大名鼎鼎的画家，他对于信念有着至高的评价，说没有信念的人是空虚的废物，而没有原则的人则是毫无用处的废人。把信念提升到和原则同样的高度，说明在列宾心中信念至高无上的地位。那么，什么是信念呢？对于信念的理解，每个人都不同，有人说信念是黑暗人生中指引人们前行的灯，也有人说信念是希望的生命，还有人说信念是人生力量的源泉。其实，信念就是人发自内心的积极性和强大的动力，越是在艰难的时刻，越是要凭着信念的强大力量坚持探索，这样才能找到解决难题的好办法，也才能走出低谷和摆脱迷雾，在生命的历程中不断地前行，持续地进取。

当一个人拥有坚定的信念，他们在做很多事情的时候就会始终坚持，而不会轻而易举放弃。反之，如果一个人没有信念，那么即使面对小小的困难也会感到颓废沮丧，甚至半途而废。由此可见，信念对于人生是至关重要的，也唯有在信念坚定的前提下，才能坚持去做一件事情，才能让意志力变得更加顽强。有些朋友看过《汤姆叔叔的小屋》。在这部作品里，作为黑人的汤姆叔叔一生之中饱尝艰难困苦，也被命运不公正地对待，更是因为当时美国社会中对于黑人的鄙视，导致始终生活在社会最底层，而且内心受到了很多次沉重的打击和煎熬。对此，汤姆大伯尽管痛苦，但是却从未放弃生命，每当感到无

法继续支撑下去的时候，他就会抚摸着《圣经》开始祈祷。汤姆叔叔信奉基督教，信仰上帝，为此他才会有坚强的信念，支撑着自己不断地努力前行，在人生中最黑暗的阶段里摸索着前进。这就是信念的力量。

以形象的话语而言，信念是人精神上的支柱，也会对于人的肉体起到很大的影响作用。如果一个人原本信念很强，但是却突然因为各种原因导致信念的大厦崩塌，则整个人不但精神倦怠，而且身体上也会出现各种病痛和异样。那么，如何才能拥有信念呢？内心的平静，精神上的支撑，都是人们执着于信念的根本原因。波澜不惊，静水流深，是唯有信念坚强的人才能做到的。

很久以前，有个煤矿发生塌方，导致几个旷工被埋藏在矿井里。他们存身的地方空间狭窄，只有几盏灯在他们身边，而且脚下还有水在往上涌，如果不能在被水淹没之前获救，他们就会被淹死。当然，因为空间小，他们还有可能因为缺乏空气窒息而死，或者被活活饿死。尽管知道在矿难发生后，地面上的人马上就会组织营救，但是他们被埋藏的地方实在太深了，所以他们都很沮丧，觉得生存的希望不大。这个时候，有个戴着手表的矿工建议大家把矿灯关闭以备不时之需，而由他负责每个小时给大家报时一次。就这样，时间一分一秒地过去，在黑暗之中，时间仿佛停滞了一样，大多人对于时间的流逝都失去了感觉。幸好那位戴着手表的矿工隔一段时间就会告诉大家:"时间过去了一个小时。"大家都觉得时间过得很慢,那位矿工解释道:"在黑暗中,又没有事情做,这样干熬着,你们就会觉得时间过去很慢,实际上,时间并没有过去多久。"一开始,矿工的确是在准时报告时间,后来发现大家都很焦急,他改成每隔半个小时汇报一次时间,而且偷偷地把半个小时延长成四十五分钟。在这位矿工特别的安抚下,大家的情绪始终很平静,认为时间并没有过去多久,也不至于窒息死亡,因而始终以相对平静的心态等待救援。最终,大家终于听到地面上传来的钻探声音,他们都因为获救而感到精神振奋,这才想到那位矿工已经很久没报时。他们查看那位矿工的情况,发现矿工已经死了。原来,时间并非过得那么慢,而是已经过去了很久。不知道时间真相的矿工们都怀着生的希望,而知道时间真相的矿工却因为信念的大厦崩塌,而失去了继续生存的毅力和决心。

如果每个人都知道时间正在一分一秒地过去,也知道随着时间的流逝生还的希望越来越小,那么相信会有更多人的因为信念崩塌、精神崩溃而死去。他们很幸运,有这样一位好工友,宁愿自己承受巨大的心理压力,也要竭尽全力帮助大家保持内心的希望。曾经有心理学家经过研究发现,一个人如果失去信念,生命力也将随之终结。我们每个人都要保持信念,这样才能在成长的道路上始终坚持不懈,勇往直前,始终都能最大限度提升自己的内心高度，让自己的精神大厦更加牢固，永不崩塌。

很多人都喜欢作家海明威，尤其喜欢他的作品《老人与海》。在这部作品里，桑迪亚哥老人独自与大鱼、鲨鱼、大海搏斗的时候，表现出了强大的精神力量，也告诉自己一个人尽管可以被打倒，却绝不能被打败。倒下，是身体倒下；被打败，则意味着精神的崩塌。为此，不管在怎样的艰难处境中，只要我们始终有信念长存，只要我们一直相信希望能够变成现实，那么那些让我们感到颓废沮丧的各种事情，最终都会成为人生中的过眼云烟，也会成为我们难能可贵的人生经验。

有耐心，意志力就有了脊梁

缺乏意志力，除了是因为注意力不能集中，信念不够坚强之外，还有可能因为什么原因呢？心理学家经过研究告诉我们，一个人如果没有耐心，做事情总是虎头蛇尾，意志力也会很薄弱。俗话说，人生不如意十之八九，在人生的道路上，每个人都会遇到各种各样的困难和逆境，如果没有足够的耐心、恒心和毅力，总是轻而易举放弃，那么日久天长，就会导致意志力越来越薄弱，也会使得放弃成为家常便饭。其实，不管是面对学习上的事情，还是面对工作上的事情，亦或者是面对生活中各种各样琐碎的事情，耐心都不可或缺。只有拥有耐心，才能在做事情的时候坚持到底，也只有拥有耐心，才能在遇到艰难坎坷的时候激励自己始终鼓足勇气勇往直前。为此，我们也可以说耐心是意志力的脊梁，只有在耐心的辅助作用下，意志力才会最终收获更好的结果。

生活中，有太多的事情需要我们有耐心。例如，作为一个单身的男孩追求心仪的女孩，女孩总是矜持，没有真正明确接受男孩的追求，为此男孩尝试了几次之后就放弃了。这就是缺乏耐心的表现，直接的结果是女孩对于男孩彻底失望。再如，在工作上遇到一个难缠的客户，原本销售工作难度就很大，因为这个客户，更是举步维艰。为此，作为业务员的你轻而易举就放弃了，最终这个客户被另外一个有耐心有韧性的同事打动，与同事签订大单。这样一来，你感到万分沮丧又有什么用呢？很多时候，放弃就会彻底失去，没有机会再得到。我们必须非常有耐心，才能全力以赴做好这一切，才能有的放矢经营好人生。任何时候，都不要对于人生有太多的感慨和失望，因为真正把握命运的其实是我们自己。唯有突破万难，在很多情况下都坚持不懈去努力，才能守得云开见月明，才能获得丰厚的回报与馈赠。

作为英国的前首相，丘吉尔非常擅长演讲。在牛津大学，他曾经给学生们进行过一次特别短暂的演讲，演讲的内容让同学们在震惊之余茅塞顿开，得到深刻的启迪。丘吉尔健步走上演讲台，对学生们说："我成功的秘诀很简单，有三个。第一是决不放弃;第二是决不、决不放弃;第三是决不、决不、决不放弃。"说完,丘吉尔就走下演讲台,学生们沉思片刻,全都爆发出热烈的掌声。

的确,不管是多么小的事情,都要坚持这三个秘诀,才能有机会获得成功。否则轻而易举就放弃了,如何能够赢得成功的青睐呢?!

现实生活中,很多朋友都擅长未雨绸缪,却不知道凡事皆有度,过犹不及,如果总是未雨绸缪过度,变成了杞人忧天,总是担心自己因为各种原因而导致失败,则渐渐地就会迷失自己,觉得自己在很多事情上都根本没有获得成功的可能性。为此,他们当然会迷失自我,也会感到内心焦虑不安,无法从容面对自己。要记住,任何时候,坚持去尝试都是非常重要的。未雨绸缪是为了在事情还没有真正发生之前做好准备应对,而不是为了在认识到有可能遇到很多失败之后选择放弃。当然,除了要勇敢迈出第一步,切实去做之外,还要戒掉功利心,而不要对于很多事情都怀有不切实际的希望。

俗话说,心急吃不了热豆腐,有的时候快就是慢,有的时候慢就是快,我们必须耐心地、脚踏实地做好该做的事情,至于最终将会有怎样的收获,则要交给命运去安排。要相信,我们把时间花在哪里,哪里就会开花。有的时候,虽然努力了没有收获,但那是因为努力的程度和坚持的时间还不够。

第03章 青少年缺乏意志力，就无从谈起自控力

作为20世纪80年代最伟大的推销大师，汤姆·霍普金在正式告别推销生涯之前，决定进行一场告别演说，从而为自己的推销生涯画上圆满的句号。很多人闻讯赶来听演讲，他们都认为汤姆·霍普金一生在推销行业叱咤风云，做出了伟大的成就，肯定会在告别演说上倾囊相授推销技巧。人们早早到达会场耐心等待，很快，舞台拉开序幕。人们没有看到大师，却看到舞台正中间悬挂着一个超级大的铁球。看起来，这个铁球非常沉重，被铁架子架起来，还拴着沉重的铁链子。正当人们窃窃私语猜测铁球的用途时，大师缓缓走上舞台，问听众们："有朋友愿意来舞台上配合我的吗？要身强体壮，力气比较大的。"两个年轻人赶紧跑到台上，大师拿出一个大铁锤，对两个年轻人说："现在，你们用这个铁锤敲击铁球，看看能不能敲动。"两个年轻人的尝试都以失败而告终，铁球很大很重，纹丝不动。年轻人们回到台下坐好。

这个时候，大师又拿出一个小铁锤，开始一下又一下地敲击铁锤。听众们都表示质疑：刚才那么大的铁锤都不能敲动铁球，现在这么小的铁锤，怎么可能敲动呢？大师当然知道听众们的议论，但是他还不为所动，依然继续敲击铁球。时间一分一秒地过去，已经十几分钟了，铁球还是纹丝不动，而大师依然不急不缓地继续敲击。等到二十多分钟的时候，台下的一些观众沉不住气了，说话的声音越来越大，还有些听众准备离开。他们对于主办方提出抗议，主办方当即表示可以全票退款

离场。很多观众走了,只剩下一部分观众继续看。又是一段时间过去,曾经选择留下来的观众也开始蠢蠢欲动,正当又有观众准备离开的时候,有个观众突然发现铁球动了。这个时候,铁球摆动的幅度很小,必须非常认真才能看到。大师依然一语不发,继续敲击铁球。随着敲击持续的时间越来越长,铁球晃动的幅度也越来越大,终于,铁球明显地晃动起来。

大师停下敲击的动作,看着摇摆的铁球,满意地笑了。最后对听众们说:"成功没有捷径,只能耐心等待,否则就必然失败。"听众们给予了大师热烈的掌声,也知道了这就是成功的秘诀。

在这个世界上,做很多事情都需要耐心,否则总是三心二意,有小小的不如意就选择放弃,虽然避免了失败,但也彻底失去了成功的机会。当然,要想获得成功,首先要付出努力,坚持努力,所谓等待绝不是无所作为地等待,而是要在坚持追求成功的道路上一往无前,无所畏惧,而且也要坚持不懈。唯有如此,才能距离成功越来越近,也唯有如此,才能真正获得成功。

古今中外,有很多人都获得了伟大的成就,他们并非有独特的天赋,也未必获得了命运特别的偏爱和照顾,而是因为他们都有获得成功的潜质,那就是有足够的耐心,始终坚持。耐心,是意志力的脊梁,有耐心的人才会有顽强不屈的意志力,也才能突破人生中的重重困境,获得最终的成功。

掌控欲望，成为欲望的主宰

每个人生活在这个世界上，总是会有各种各样的欲望，这些欲望之中，有些欲望是天生的，如吃喝拉撒是人的基本生理需求，而有些欲望则是在后天成长过程中逐渐形成的。例如，孩子的快乐总是很简单，而当孩子有朝一日长大成人，走上社会，他们就会因为攀比和虚荣，而想要得到更大的成功。尤其是很多人之间特别喜欢攀比，例如比较谁家的房子更大、谁的工作职位更高和薪水更多、谁的车子更豪华等。这些对于金钱物质和名利权势的比较，更容易使人陷入各种困境之中，内心也变得焦灼不安。

要想改变这样的糟糕状态，就一定要学会掌控欲望，成为欲望的主宰。其实，不管是欲望还是诱惑，都是人的大脑对于外部刺激的反应。因而归根结底不是清除外部的诱惑因素，而是要给大脑装上杀毒软件，让大脑可以做到对于外界的很多诱惑和刺激始终保持平静，这样一来，当然就可以从根本上解决问题。众所周知，电脑如果感染病毒，会导致很严重的后果，如电脑里的很多文件会消失，电脑的程序会被修改等。同样的道理，人脑如果感染病毒，被欲望驱使和驾驭，也会导致很严重的后果，甚至使人内心迷失，情绪也变得无法控制，歇斯底里。在这样的情况下，我们一定要及时给大脑杀毒，从而才能控制欲望，驾驭欲望，也避免做出荒谬和无知的举动。

一个人如果连自己的欲望都不能控制，那么还能控制什么呢？想明白这个道理，一个明智理性的人就不会总是被欲望驱使着做出很多失去理性的事情来，而是会在遇到事情的时候更加理性思考，从而做出全面的权衡和正确的选择。当然，任何人都有欲望，因为欲望是人的本能，我们要做的不是"存真理，灭人欲"，而是要保留合理的欲望，控制不合理的欲望，这样才能有的放矢驾驭自己获得更多的快乐与满足。

适度的欲望可以激发人内心深处的力量，让人更加勇往直前做到更好。而过度的欲望则会让人坠入无底的深渊，根本无法控制自己，也无法有效地主宰和把握人生。每个人都要清楚自己想要怎样的人生，也要想方设法获得理想的生活。尤其不要人云亦云，更不要盲目追随他人的脚步。因为别人的成功不属于我们，别人的生活也未必是我们想要的。要想成为欲望的主宰，我们就要拥有自律力，这样才能始终为自己指明正确的方向，也才能在人生中始终坚持，朝着理想的彼岸努力。俗话说，勿以善小而不为，勿以恶小而为之，其实生活看似琐碎，更是需要有掌控自我的能力，才能管理和约束好自己，让自己不遗余力努力向前。否则，一次小小的放纵就会让我们成为欲望的奴隶，一次明知故犯就会让我们无视各种规则，正如一位伟人所说的，千里之堤毁于蚁穴，正是这个道理。那么我们也要做好欲望的监督和管理工作，这样才能始终驾驭欲望，让欲望为我们的人生起到积极的推动作用，而不会产生反作用力，让我们在人生之中感到非常迷惘、困惑和和无助。

把握相信的力量，创造生命的奇迹

相信具有强大的力量，当你能把握相信的力量，就能创造生命的奇迹。这种力量实际上来自我们的内心，是很容易获得的，但是偏偏有很多人都不愿意相信自己，为此也就失去了这种强大的力量，导致在人生中做很多事情的时候，都很被动且无奈。也许有人会说，我们只是普通而又平凡的人，并没有独特的贡献，也不是权威人士，如何能够保证自己所说的都是正确的呢？的确，我们都很平常，但是这并不意味着我们不能获得独属于自己的成功。在生命的历程中，每个人都是世界上独一无二的生命个体，每个人对于人生都有自己的梦想。只要坚定不移做最真实美好的自己，我们就能获得独属于自己的成功，也一定会活出自己的精彩与辉煌。

要想拥有相信的力量，就一定要有充分的自信。很多人连自信都没有，总是觉得自己不管做什么都是错误的，这当然会让一切变得更加糟糕，也会让人生因此而陷入困境。由此可见，要想以相信的力量创造生命的奇迹，我们就要全力以赴做到最好，也要尽最大的努力相信自己，这样才能不断地强大自己，也让人生绽放出与众不同的光彩。

作为世界上大名鼎鼎的交响乐指挥家，小泽征尔的名字在音乐界无人不知，无人不晓。小泽征尔不但指挥水平很高，而且还很自信。有一次，小泽征尔参加世界指挥家大赛，凭着强大的实力，他顺利进入决赛。

小泽征尔的参赛顺序靠后，在他之前，有几个指挥家已经进行过演奏。轮到小泽征尔的时候，组委会把才比赛的乐曲交给小泽征尔，小泽征尔在熟悉乐谱之后，就开始指挥乐队演奏。然而，演奏进行了没多久，小泽征尔就听到了不和谐的音符，为此他当即指挥乐队停止演奏。他以为是乐队演奏出现错误，所以才有不和谐的音符，为此略做调整，再次指挥乐队从头演奏。然而，等到进行到相应位置的时候，错误再次出现。小泽征尔这次意识到是乐谱出现问题，为此在认真查看乐谱之后，找到组委会："乐谱有问题，需要修改。"组委会里的音乐权威、专家和评委们，一致反驳小泽征尔："不可能，乐谱不会出错。"小泽征尔说："乐谱错了，我很肯定。"专家们说："在你之前已经有两位指挥家进行了演奏，不会错的。这是众多专家学者用心出的考题，怎么会错呢？"小泽征尔沉思片刻，说："我很确定，就是乐谱错了。"小泽征尔话音刚落，在场的人们都站起来给小泽征尔鼓掌。原来，这个错误是大赛组委会特意设置的考题，前几位选手虽然也发现了错误，但是没有坚持自己的判断，而是盲目迷信权威，选择继续演奏。只有小泽征尔不畏惧专家和权威，坚持自己的判断，所以他能获得冠军是名至实归，也是理所当然的。

在这场世界级的比赛中，小泽征尔之所以能够获得冠军，就是因为自信。因为自信，他不畏惧权威和专家，因为自信，他始终坚持自己的判断，不愿意随随便便地妥协和屈服。正是因为如此，他才能够在音乐指挥的道路上获得伟大的成就，成为世界顶级的音乐指挥家。每个人都要有自信，才能张开人生的翅膀，在前进的道路上保持飞翔的姿态。否则，总是人云亦云，不能坚持自己的声音和主见，也总是在成长的道路上盲目迷失自己，只会导致一切进展更加艰难。唯有自信，才能全力以赴奔向成功，也唯有自信，才能让我们真正创造奇迹。

古今中外，很多人之所以能够获得成功，就是因为自信。在西方国家，海伦因为一岁多患上严重的猩红热而导致耳目失聪，正是凭着对于自己的信心和对生命的强烈渴望，她才能在家庭教师莎莉文的帮助下排除万难，完成学业，最终不但成为一名作家，而且还以自己的亲身经历进行演讲，激励了很多迷惘彷徨的人。在中国，李时珍编著《本草纲目》，徐霞客完成游记，都是因为他们相信自己可以做到，所以才能真正做到。司马迁当年遭遇宫刑，身陷囹牢，没有被个人的荣辱得失所困惑，而是坚持完成《史记》的创作。这些都是相信的力量创造的奇迹。

如果一个身体残疾或者受到不公对待的人都能始终坚持去做好该做的事情，那么生在如今的和平时代里这么幸运的我们，还有什么理由对于人生感到沮丧和失望呢？任何时候，希望就在我们的心底里，只要我们坚持不放弃，就没有人能让我们彻底失去希望。当然，要想做到这一点，就要学会控制自己，拥有顽强的意志力。否则把自己的情绪开关安装在外界，根本无法控制自己，或者把自己对于人生的希望看得非常渺茫和脆弱，常常会情不自禁放弃，则一切都不会有更好的进展。任何时候，希望都是人们心底的光，都是人生的灯塔，始终在指引人们努力前行。作为一个普通而又平凡的人，不管有着多么远大或者渺小的理想与志向，我们都要全力以赴勇往直前，都要以信念支撑自己努力前行，都要把握相信的力量，激励和鞭策自己不遗余力，走向成功。人生从来没有回头路可以走，不要总是觉得人生还有很多机会可以尝试，因为时间总是在以比你预期更快的速度飞速向前。唯有始终坚持不懈，勇往直前，激发心中源源不断的动力，我们才能最大限度调整好心态，也才能争取做到最好。当觉得难的时候，就想象容易的那些事情。当觉得无法支撑下去的时候，就想象奇迹诞生时的惊心动魄和巨大惊喜。记住，相信的力量来自于我们的心底，相信的力量是我们主宰人生的武器！

第04章

情绪自控力：少年，你不好的情绪会让一切失控

曾经有位名人说，每个人最大的敌人就是自己，这是因为一个人如果不能战胜情绪，就很可能因为情绪失控而陷入负面的心理状态，甚至有可能因此而失去控制，导致人生陷入困境。尤其是青少年，正处于青春期，情绪原本就容易起伏不定，心情也如同乘船在大海上颠簸一样摇来晃去，就更是要增强情绪自控力，让自己成为情绪的主宰，这样才能避免失控的局面发生。

一年有四季,青少年的情绪有周期

众所周知,在一年的时间里,春夏秋冬是轮番上阵的。我们也已经习惯了度过春夏秋冬四个季节,感受四个季节的不同温度,欣赏四个季节的不同景色。而在有些地域是没有四季的,如昆明之所以被称为春城,就是因为昆明一年四季风景如春,根本没有寒冷的冬天。想一想在这样四季如春的地方生活,就是一件很美好的事情,但是与此同时也失去了欣赏夏天的灼热,欣赏冬天的万里冰封、千里雪飘。所以对于习惯了一年四季分明的人而言,也许未必能够适应四季如春的生活。和一年有四季相同,情绪也是有周期的。

青少年正处于人生中的特殊阶段,在青春期,他们的身心快速发展,也因为荷尔蒙的大量分泌,往往导致他们的情绪特别容易波动。越是如此,青少年越是应该认知情绪,了解和熟悉情绪的周期,这样才能在情绪问题发生的时候,有的放矢地解决。当然,如果熟悉了情绪周期的规律,还可以未雨绸缪防范情绪问题的发生,从而让自己在情绪方面有更好的表现和把控。

一年四季是非常分明的,但是情绪周期的表现往往没有那么明显。很多粗心的青少年虽然被情绪问题困扰,却从未有真正用心地体察过情绪，更没有认真地总结情绪的规律，为此，他们就不知道自己何时会出现情绪低谷，何时会出现情绪高潮。心理学家经过研究发现，情绪周期的确存在，在情绪周期的作用下，一个人的情绪既有高潮，也有低谷，呈现出规律化的波动。从心理学的角度而言，情绪周期并非是独立单纯存在的，而是符合人体发展规律的，为此情绪周期也被称为情绪生物节律。正是基于这一点，才有心理专家提出吃特定的食物也可以调整心情，就是因为情绪与人体的状态密切相关。

情绪周期不但与人体状态密切相关，而且与每个生命个体与众不同的脾气秉性、观念情感等都有一定的关系。为此，情绪周期也呈现出很大的个性化特点，有的人生性乐观开朗，遇到不开心的问题可以自我调节和排解，为此很快就会度过情绪低谷，而有的人生性悲观沮丧，遇到不开心的问题总是耿耿于怀，为此需要很长的时间才能度过情绪低谷，常常表现得闷闷不乐。此外，复杂的社会生活也会影响人的情绪。人是群居动物，每个人都需要在人群中生活，也难以避免要与形形色色的人打交道。尤其是青少年，随着年纪的不断增长，越来越深入地介入社会生活，常常需要与老师、同学以及其他人打交道。在这种情况下，更是要增强情绪自控力，了解自己的情绪周期，从而才能更好地与人相处，也更好地驾驭和主宰情绪。

此外还需要注意的是，情绪周期不但因人而异，而且因性别而呈现出阶段的差异。通常，每个人的情绪周期都是以月为单位的，即前半段时兴致高昂，而后半段时间情绪低落。这么说，情绪周期是不是与女性的月经一样，也是有规律出现的呢？的确，对于女性而言，情绪与月经的周期有密切的关联。大多数女性在月经之前的一个星期里身体因为荷尔蒙的变化会产生异样的感觉，如便秘、肚子感到胀痛，身体非常疲倦、乳房胀痛等。尤其是青春期女孩因为才开始来月经，所以每次来月经之前身体的反应会更加强烈，因而导致情绪也受到一定的影响。为此，女孩的情绪周期表现得更加明显，可以根据月经周期进行变化，而相比之下，男孩的情绪周期没有身体上的明显不同作为标识，为此往往被忽略。

此外，男孩与女孩性格不同。很多女孩一旦心情不好，就会寻求倾诉，主动表达，而男孩则往往会选择沉默，独自承受负面情绪的压抑，往往会导致心理问题和情绪问题积压起来，变得更加严重。为此，男孩在情绪周期里，也要学会积极地倾诉和表达，这样才能及时表达自己的情绪感受，消除负面的情绪问题。作为男孩，可以采取记录言行表现的方式，在进行几个月的记录之后，找到自己的情绪周期。这样一来，每当情绪周期即将到来，就可以提前做好准备，也因为知道自己正处于情绪周期，而对于那些情绪问题不再感到抓狂。

总而言之，情绪周期虽然不可避免，但是却是可以有效缓解的。作为青少年，我们必须知道自己的情绪何时处于高潮，何时处于低谷，这样才能未雨绸缪，及时解决情绪问题，也帮助自己始终以高昂的情绪投入学习和工作之中。如果觉得情绪问题的确很严重，还可以通过适当的方式对自己进行放松，让自己的情绪问题得到有效缓解。

对于负面情绪，青少年要疏也要堵

古时候，大禹治水，三过家门而不入，却因为没有掌握治水的方法，只想到堵，而没有想到疏通导致治水失败。后来，大禹采取疏通的方式治理水患，终于获得成功。现实生活中，很多青少年也会陷入负面情绪之中无法自拔，作为青少年的监护人，父母也往往采取堵塞的方式治理青少年的情绪问题，动辄让青少年"闭嘴""保持安静"，殊不知，这样的方式尽管能让青少年暂时控制住情绪，但是却会导致负面情绪压抑在青少年的心中，日积月累，必然引起更加严重的后果。为此有教育智慧的父母，不会总是堵塞青少年的情绪，而是会给予青少年更多的宣泄渠道和发泄空间，也会疏导青少年的心结，让青少年更加健康快乐地成长。

负面情绪对于青少年的危害就像洪水，具有强烈的破坏力，而且一旦强烈的负面情绪涌现出来，青少年根本无法控制自己，因而会情不自禁陷入歇斯底里的状态，做出很多过激的举动，导致严重的后果。如果想要控制和驾驭自己的情绪，拥有良好和谐的人际关系，青少年就要提升自己控制负面情绪的能力，从而做到及时疏导负面情绪，让负面情绪在还没有造成严重危害的时候就得以缓解。具体而言，如何疏导负面情绪呢？首先，我们要知道情绪是一系列心理活动综合作用的结果，只有了解情绪产生的根源，才能最大限度驾驭情绪。否则，情绪就会如同滔滔江水般涌动出来，使得我们无法应对。其次，还要了解情绪爆发之前的很多征兆，如心跳加速、面红耳赤、血压升高等，这些都是情绪过激前的生理反应。在知道情绪产生的机制，也能够洞察情绪预警之后，我们就可以在情绪没有爆发之前，有的放矢掌控情绪，从而起到未雨绸缪疏导情绪的作用。

在19世纪，霍桑工厂主要负责生产电话交换器，虽然工厂给工人合理的薪水和很好的福利，也能保障工人的医疗和养老问题，但是工人们始终对于工厂很不满意，为此导致工作的效率也大大降低。这到底是为什么呢？工厂里的很多管理者一直在寻找原因，却始终未果。直到1924年年底，一个心理小组进驻霍桑工厂开展一系列实验，来研究工作、物质条件与生产效率之间的关系。为了保证试验的效果，心理学家们除了要对工人展开观察之外，还要与工人之间进行深入交谈。在交谈过程中，心理学家要了解工人的内心状态，知道他们对于工作哪里满意，哪里不满意。为了保证实验的效果，心理学家在谈话过程中不得干扰或者打断工人的倾诉，这也就意味着工人的一切表达都是言为心声，毫无保留。

这个实验持续的时间很长，整整维持了两年多。在漫长的时间里，心理专家们分别和每个工人一对一进行交谈，谈话次数高达两万多次。让管理者们感到非常惊喜的是，经过这两年多的交谈，工人们的生产效率大大提高。原来，工人们始终对于工厂的管理制度不太满意，但是他们又没有合适的渠道宣泄内心的不满，结果最终他们把不满压抑在心中，导致对待工作消极怠工。如今，他们在和心理学家们进行一对一谈话的过程中，发泄出心中的不满，使得内心的压力和郁闷全都消除，为此心情大好，干劲十足。后来，心理学家把这种现象称之为霍桑效应，意思就是说人们通过倾诉、倾听、交流和沟通等方式，可以极大地发泄负面情绪，让自己的内心归于平静，渐渐地变得积极且主动。

霍桑效应对于管理者有着非凡的意义，也为管理者提升管理效率提供了具体可行的方式方法。作为管理者，即便再怎么努力，也不可能对于所有人都绝对公平，而且一家企业就算制度非常完善，也不可能真正做到面面俱到，考虑到每一个员工的全面需求。为此在一家企业中，总有员工会感到不满，也总有员工会有各种各样的抱怨。与其通过调整制度的方式让员工满意，不如给员工提供倾诉和宣泄情绪的渠道，这样一来，员工就可以尽快把内心的压抑发泄出来,也真正做到有话就说,有话能说,有话敢说。这种方式有助于帮助员工保持内心平静,对于提升员工对于工作的满意度是卓有成效的。在霍桑效应的启示下,很多企业专门设置了心理咨询室,目的就是让员工觉得心里不痛快的时候,可以去咨询室里倾诉,及时消除内心的压力。

青少年在产生负面情绪的时候,如果得不到有效的宣泄渠道,就会导致负面情绪淤积在心中,无从发泄。作为父母,要采取疏通的方式,本着真诚友善的原则与青少年交流。当然,作为青少年,也要积极主动寻求解决情绪问题的最佳方式,而不要总是压抑负面情绪,导致造成严重的后果。

在生命的历程中,没有任何人能够保证自己的情绪始终都处于良好状态,这是因为人生不如意十之八九,很多人都会在成长过程中遇到各种困境。既然哭着也是一天,笑着也是一天,为何不笑着度过人生中的每一天呢!只有如此,才能在成长过程中更加健康快乐,也才能真正主宰和驾驭自己的命运。

勤于练习,好情绪相伴美好青春期

好情绪是可以练出来的吗?看到这里,一定有很多青少年朋友感到疑惑,因为大多数人都觉得少部分情绪是天生的,大部分是在后天成长过程中不断经历各种事情才形成的。的确，情绪带有很大的随机性，每个人一旦经历一些事情，情绪马上就会发生改变。但是这并不意味着情绪是不可控的。只要勤奋练习，采取积极的思维方式思考问题，看到更多的希望，则渐渐地我们的情绪就会有所好转，原本的坏脾气也会有所缓解。

早在20世纪末，日本的医学博士春山茂雄就曾经提出，人们应该进行正思维训练。近些年来，有更多的心理学家提出正能量、正向思考力等概念，其实与春山茂雄的正思维训练有着异曲同工之妙。具体而言，所谓正思维训练，就是在面对一个问题的时候，向着积极的方向去思考，看到充满希望的一面，而不要总是带着悲观消极的心态，觉得沮丧绝望。现实生活中，很多人面对相同或者相似的境遇，却有着截然不同的反应，就是因为他们之中有的人坚持正向思考，而有的人却总是消极悲观，遇到小小的困难就会放弃，感到绝望。如面对失败，积极乐观的人能够从失败中汲取经验和教训，马上就开始全力以赴做到最好，而消极悲观的人则因为失败一蹶不振，别说踩着失败的阶梯前进，他们连再次尝试的勇气都没有。如此一来，他们也就有了不同的人生。

最近，老师中午要午休，因此委托班干部负责维持班级的秩序，并且告诉班干部要警告三次违反纪律的同学之后，才能惩罚违反纪律的同学抄课文。这一天中午，乐乐带着很多课外书来到教室,而且还批发了一些小小的文具,在班级里借书、卖东西,结果因为违反课堂纪律被班干部警告且罚抄课文。乐乐很不服气:"老师说要警告三次才罚抄课文,为什么你才警告我一次,就要罚我抄写课文呢?"班干部不顾乐乐的反驳:"我就要罚你抄写课文,谁让你在班级里卖东西的?"乐乐说:"又没有规定不能卖东西,卖东西不算违反课堂纪律……"正当乐乐和班干部争执的时候,老师来到教室。

乐乐告诉老师:"老师,你不是说警告三次才罚抄课文么,班干部一次都没有警告我,就惩罚我抄写课文。"老师很惊讶:"是要警告三次才抄课文,我去问问情况。"就这样,老师找到班干部询问情况,证实班干部的确直接罚乐乐抄写课文了。但是,老师回来对乐乐说:"你必须抄写课文。"乐乐更生气了:"为什么?不是要警告三次么?你也问过情况了,班干部的确只警告了我一次。"老师看到乐乐不听从,很生气,居然和得理不饶人的乐乐吵起来。乐乐自觉没有做错,为此和老师吵得不可开交,无奈之下,老师只好把乐乐的爸爸请来学校。在听完老师介绍情况后,爸爸赶紧和老师道歉,并且和老师说:"这个孩子很倔强,他认准的事情不容易改变,回到家里我来教育他,一定让他明天亲自向您道歉。"

其实,爸爸知道乐乐的辩解是正确的,但是老师向着班干部也情有可原,毕竟班干部是老师的左膀右臂,有了班干部的辅助,老师维持教学工作会更加轻松一些。回到家里,爸爸请乐乐陈述情况，乐乐还是坚持自己的意见，爸爸对乐乐说："这只是一件小事情，你要体谅老师的辛苦，也要知道老师要依靠班干部维持课堂秩序。换一个角度而言，惩罚你抄写课文虽然不是很公平，但是抄写一遍课文，你会对课文内容印象更加深刻，况且抄写的还是需要你们背诵和默写的课文，你就当是自己主动复习了，不就可以接受么！"在爸爸的劝说下，乐乐恍然大悟："是啊，抄写课文对我有好处，没坏处，没有必要和他们吵来吵去的。"爸爸语重心长地对乐乐说："对于自己没有危害且有好处的事情，努力去做并没有什么关系。如果涉及到原则性问题，你当然可以据理力争。要分清楚事情的轻重主次，而不要动辄生气，搞得你情绪的阀门好像安装在别人身上一样，好吗？"乐乐若有所思，重重地点点头。

在这个事例中，乐乐一开始一直揪着"警告三次才罚抄课文"这个规定不放，为此不但和班干部发生争吵，也和老师产生矛盾和冲突，结果弄得很不愉快。回到家里，爸爸尊重乐乐的想法，觉得的确有些不公平，但是又为乐乐分析罚抄一遍课文非但没有坏处，反而还有好处，所以是不值得和每个人都争吵的。为此，解开了乐乐的心结，让乐乐学会了平衡自己的内心，更圆满地解决问题。

实际上，情绪练习不仅仅有精神方面的，也有物质方面的。例如，人的大脑内分泌的内啡肽有助于帮助人们保持心情舒畅，减轻痛苦的感受，为此使人在精神状态上保持最佳。要想分泌更多的内啡肽，除了要坚持正向思考之外，还可以通过运动调节情绪。当然，运动所起到的效果都是很短暂的，要想从根源上解决问题，就要坚持正向思考，这样才能在日常生活中遇到很多问题的时候，都当机立断以积极的心态看待问题，保持乐观。这样一来，才能始终充满正向的能量，也才能让好情绪保持更长的时间。

好情绪除了通过各种方式练习、刺激得到之外，还可以通过假装的方式获得。例如，青少年每当心情不好的时候，可以假装高兴，笑起来，兴致盎然做一些让自己开心的事情。一开始，好情绪是假装出来的，但是随着假装的时间越来越长，情绪就会真的好起来。这是经过心理学家验证的，在短时间内就能起到立竿见影的效果，作用非常强大。一直以来，心理学家都觉得是情绪影响行为，而这个伟大的发现让更多的人意识到，行为反过来也可以影响心情。假装快乐就是通过行为实现的，在行为上表现出快乐，居然真的可以得到快乐，这是让人很惊喜的事情。这一点在年幼的孩子身上有很明显的表现，如果小孩子正在哭，当父母要求他笑一个，他真的笑了一个，这个笑容很有可能一开始是伪装的，但是后来就是破涕为笑。所以不要忽略假装高兴的显著效果，越是感到情绪低沉，郁郁寡欢的时候，越是要有意识地做让自己开心的事情，表现出开心的举动，也许很快你就会真的兴致高昂。

增强自控力,避免"踢猫效应"

人一旦感到情绪糟糕,尤其是在愤怒的情况下,很容易就会迁怒于人。这是因为他们不知道要如何提升驾驭情绪的能力,也不知道怎样才能消除负面情绪。为此,人与人之间迁怒的情况很容易发生,在职场上,很多人因为受了气,回到家里会迁怒于家人。对于青少年而言,情绪更容易冲动,为此常常会把怒气撒到他人头上,结果非但没有使自己消气,反而失去了他人的尊重和信任。不得不说,这是非常糟糕的,只会导致事与愿违。

人有情绪需要发泄,是很正常的现象,最重要的在于,一定要采取正确的方式宣泄情绪,而不要总是任由情绪肆意流淌。没错,情绪就像水一样,如果不加以控制,的确是会肆意流淌的,所以明智的人总是会拼尽全力控制情绪,而不会总是任由负面情绪蔓延。正是因为情绪的特性,就决定了情绪是有传染性的。如果一个人每天都愁眉苦脸,则渐渐地,经常和他相处的人也会变得很苦恼,情绪压抑,这就是情绪的传染性导致的。反之,一个人如果总是高高兴兴的,充满了生机和活力,则和他在一起的人也会生机勃勃,兴致盎然。可以说,情绪消沉低落的人就像一个负能量团,而一个情绪积极向上的人就像一个正能量团。作为青少年要想处处受人欢迎,一定要成为正能量团,而不要总是郁郁寡欢。心就像天空一样,当乌云遮蔽的时候，只有让阳光投射进来，才能变得更加明媚。否则如果总是乌云遮蔽，则就无法变得轻松愉快。为此，青少年一定要控制好自己的情绪，这样才能最大限度激发自身的能量，也才能全力以赴把人生经营好。

在著名的葛底斯堡战役中，南方将军罗伯特·李的战况很不理想，在战役进行到第三天的时候，他不得不率领全体将士向南撤退。因为天降暴雨，导致河流猛涨，为此在到达波托马克时，他们被一条河流挡住去路，被困在原地。对于北方联军来说，如果能够抓住机会，趁胜追击，给予南方军队沉重的打击，就会彻底扭转战争的局面。此时此刻，北方联军的米德将军距离南方军队最近，为此林肯当即下令让米德将军无须召开军事会议，当即率领全军全速前进，给予南方军队致命打击。为了避免电报不能及时送达，林肯还亲自写了命令派人送给米德将军。此时此刻，林肯似乎已经预见到战争胜利，也深信米德将军一定能够胜券在握。然而，米德将军没有听从林肯的命令，而是犹豫不决、迟疑不定，不但召开了军事会议商议进攻的事宜，而且还在耽误时机之后找到各种各样的理由延迟进攻。最终，米德将军错过了暴雨的时机，而罗伯特·李趁着雨过天晴、水位下降的关键时刻，火速渡河，求得生机。

林肯对于米德将军把原本胜券在握的情况弄得如此糟糕，非常生气，当着办公室里的人说："就算是我都能在那种情况下打败罗伯特·李，真不知道这个米德心里是怎么想的。"说完，林肯当即提起笔给米德写信，在信中痛斥米德没有抓住时机，导致如今的糟糕局面。然而，信写完了之后，林肯的心情似乎恢复了平静，他没有当即把信寄出去，而是看着窗外陷入了沉思。他自言自语："我在白宫里下达命令，这简直是天底下最容易的事情，但是米德将军要照顾到那些伤残的士兵，要考虑到一旦开战就会硝烟弥漫，战火纷飞，血肉横飞，所以他害怕和畏缩也是情有可原的。无论如何，我们已经错过了战机，不可能再让时光倒转，我这么批评米德将军也没有用，说不定他还会因此而怨恨我。"最终，林肯没有把这封言辞激烈的信发出去，而是把这封信撕掉，重新给米德将军写了一封言辞恳切的信。

林肯总统一定不是好脾气的好好先生，相反，他的脾气来得很快，但是他没有让自己的这种情绪肆意蔓延，而是在盛怒之下写完信之后，又把信撕碎，而没有寄给米德将军。历史向我们证明，林肯先生是有远见的，他没有向着米德将军发泄愤怒。在一个月之后，米德将军率领北方联军打败了南方军队，这与林肯先生善于控制情绪有很大的关系。

青少年正处于情绪容易冲动的时期，很容易情绪起伏不定。在这种情况下，一旦感受到自身情绪在波动，就要有的放矢采取措施帮助自己平复心情，恢复理性，否则，总是被情绪驱使和奴役，在冲动之下做出无法挽回的事情，则事情会变得非常糟糕。俗话说，流言止于智者，对于青少年而言，而要学会让负面情绪在自己面前戛然而止。从本质上而言，情绪是一种能量，也会遵循能量守恒定律。为此，青少年必须要控制好情绪，避免负面的能量在自己与他人之间传递，给自己和他人都带来很大的困扰和无奈。

转换不合理的情绪模式，成为淡定少年

人类有很多的情绪模式，其中有相当一部分情绪模式是人类共有的，如在遇到喜事的时候感到很高兴，在遇到坏事的时候很愤怒，在遇到悲伤的事情时很伤心。除了与所有人共同拥有一些情绪模式之外，我们还有独属于自己的情绪模式，如有的人有密集恐惧症，每当看到密密麻麻的东西就会感到很害怕，也有的人有恐高症，一旦到达高处就会情不自禁地战栗。这些都是带有个性色彩的情绪模式，是少数人才有的。当然，这些都是长期的情绪模式，即恐高症的人一直恐高，使患有密集恐惧症的人一看到密集的东西就会很害怕。其实，还有些人会产生短暂的情绪模式，属于情绪的应激反应。和长期的情绪模式相比，临时出现的情绪模式很难控制，也无法提前做好应对的准备。作为青少年，要想更好地控制情绪，就要及时识别

不良的情绪模式，从而做到有效应对。

既然是模式，肯定不是偶然发生的，而是会形成惯性。为此当在生活中遇到相同或者相似的情况时，情绪模式马上就会发生作用。这样一来，当然会对我们的生活造成极大的困扰。如有些青少年特别爱生气，哪怕只是有一点点小事情不如意，他们也会表现出非常气愤的样子。实际上，这对于青少年而言绝不是好事情，是因为青少年一旦不能控制自己的情绪，就会歇斯底里，而无法做出理性的应对。当正确意识到自己的情绪模式之后，青少年就要有意识地改变情绪模式，从而让自己在生命历程中有更好的成长和发展。换而言之，即使孩子们总是会面对各种被动和负面情况，也要有意识地控制好自己，尽量主宰和驾驭情绪。与此同时，还要努力地改变情绪模式，从而避免自己再次遇到相同或者类似的情况时，会做出不当的应对。

最近，美国的一个地区里抢劫案发生率很高，为此不但警察办案非常忙碌和紧张，很多居住在这个地区的居民外出的时候也小心翼翼。有一次，一位居民在傍晚时分出门，看到周围没什么人，心里感到非常紧张，加快脚步、缩着脖子朝前走去。正当他提心吊胆的时候，后面突然传来一声训斥："站住！"居民害怕极了，当即想道："完了，遇到抢劫的了。"这么想着，他把手伸向口袋，想把钱包拿出来送给歹徒，只求歹徒不要伤害他的性命。居民不敢回头，如果不是为了那钱包，他恨不得举手投降，为此他根本不知道站在他身后的是负责巡逻的警察。

警察原本只是觉得居民鬼鬼祟祟，为此想要盘问居民一番，但是看到居民把手伸向口袋，马上产生疑心："他肯定有枪！"为此，警察赶紧拔出手枪，大声喊道："再动我就开枪了！"居民更害怕了，一想到自己马上就要一命呜呼，他连放在口袋里的手都没来得及拿出来，撒开脚丫子就跑了起来。警察拿着手枪在后面追赶，居民在前面不顾命地跑着，这个时候，有一位警察冲着居民迎面跑来，而后面追赶的警察脚下一滑，摔倒在地上。迎面而来的警察断定是居民掏枪击中了自己的同事，为此他很愤怒，当即拔出手枪对着居民开枪，居民应声倒下。

在这个看似荒唐的事例中，居民正是形成了错误的情绪模式。俗话说，做贼心虚，他并没有做贼，却因为对于抢劫犯的恐惧而导致建立了错误的情绪模式，使得他非常恐惧和害怕，根本无法从容地维护自己的合理权利和正当利益。与此同时，警察也陷入了错误的情绪模式之中，一旦看到行为反常、神色怪异的人就觉得对方是歹徒。实际上，普通的居民在身处险境的时候也会感到非常害怕和恐惧，又因为警察没有一开始亮明自己的身份，所以才导致了这起乌龙事件的发生。

要想摆脱情绪模式，不被情绪绑架，首先要正确认知自己的情绪模式，确定哪些情绪模式是不合理的、哪些情绪模式是合理的，这样才能有的放矢体察自身的情绪，判断自己情不自禁想要做出的情绪反应和行为反应是否正确。如果不能采取正确的情绪模式应对生活中的情况，则一定会导致更多的误会产生，也会使得人际关系变得非常紧张。

具体而言，青少年可以采取以下几种方式来帮助自己摆脱情绪绑架，形成正确的情绪模式。首先，在情绪产生的时候，如果当时因为情绪激动而无法进行理性的思考，那么事情发生之后，等到情绪略微恢复平静，就要及时反思自己在相应的情形下做出过激的反应是否正确。其次，当情绪问题变得日益严重，不要只是依靠自己的力量去解决问题，而是可以求助于身边的人帮助自己。所谓当局者迷，旁观者清，当青少年陷入自身的情绪之中时，往往很难从情绪中跳脱出来，让自己真正全面思考和权衡，做出正确的选择。为此可以和老师、同学、父母倾诉自己的心声，阐述自己的情绪，从而得到他们理性的分析和引导，这样一来才能有针对性地解决情绪问题，让自己变得更加从容。最后，每当预感到情绪问题即将爆发的时候，还可以有针对性地测试自己的情绪，从而更加深入了解情绪的发展动向和现状。如今，越来越多的人会关注自己的情绪，网络上的情绪自测试题非常多。虽然试题良莠不齐，水平不一，但是作为普通的测试情绪之用还是足够的。当青少年更加深入地了解自身情绪,也可以选择正确的情绪模式来帮助自己摆脱困境时,则很多的情绪问题都会水到渠成得到解决。

还需要注意的是,一旦陷入不合理的情绪模式中,被情绪绑架,很多当事人看到结果不如意,都会采取冷漠的态度,而不会积极主动地改变自己。正是因为如此,情绪绑架的后果才会很糟糕,很可怕。青少年朋友们正处于情绪的波动之中,为此一定要主动出击,避免情绪绑架,从而让自己坚持正确的想法和充满希望的预期,也有的放矢地识别和改变不合理的情绪模式,帮助自己建立合理的情绪模式。这样在未来遇到相似或者相同的情况时,才能做出正确的情绪反应,也才能合理、圆满地解决各种情绪问题。

第05章

拖延自控力：拖延是时间的盗贼，是青少年自控的阻碍

现代社会，很多人都患有拖延症，尤其是一些青少年朋友，在学习方面常常拖延，为此与父母之间发生很多的争执和矛盾。不得不说，对于青少年而言，尽管还有大量的时间，却不要无缘无故浪费宝贵的生命。毕竟对于孩子们来说，拖延绝对没有任何好处，反而会耽误做事情的好时机，导致最终的失败。众所周知，时间是组成生命的宝贵材料，但是拖延却是时间的盗贼，也会在无形之中降低青少年的自控力，使得青少年原本的计划被全盘打乱，做任何事情都变得混乱无序。为此我们一定要增强自控力，戒掉拖延的坏习惯，这样才能让人生事半功倍。

远离拖延症，青少年才能更高效

《明日歌》里写道：明日复明日，明日何其多，我生待明日，万事成蹉跎。很多人都读过《明日歌》，但是真正能够珍惜时间，戒掉拖延的人却不多。曾经有一位名人说，从未有人像珍惜金钱那样去珍惜时间，的确如此，仅从理性的角度来说，人人都知道时间是组成生命的宝贵材料，也愿意以珍惜生命的方式去珍惜时间，但是真正到了该做的时候，人们却总是不能做到最好，而是常常在无形之中浪费时间，也会在不知不觉之间任由生命悄然流逝。

很多年轻人自诩年轻就是资本，为此做什么事情都总是拖延，不愿意用最短的时间把事情做到最好。殊不知，生命尽管漫长，却也如同白驹过隙，我们总是以为自己还年少，却在蓦然回首的时候发现生命的时光已经悄然流逝。不要抱怨命运不公，给了他人太多的机会去创造生命的奇迹，却没有给你机会去证明自己的能力。其实不然。在这个世界上，唯一公平的就是时间，对于每个人而言，时间都是一样多的，从来不会多一分，也从来不会少一秒，更不会因为任何人而驻足停留。时间虽然没有脚，却一直在滴滴答答地向前，从不懈怠，从不偷懒。作为青少年，正处于学习和成长的关键时期，要想拥有事半功倍的人生，就一定要戒掉拖延症，努力向前，这样才能把握更多的机会，也才能让人生有更加绚烂的绽放。

作为美国的前总统，富兰克林总是坚持把事情做在前面，而很少把能够今天做的事情拖延到明天去做。正是因为，他坚持从现在开始的原则，不管做什么事情都能够立足当下，都能够把握现在。为此，富兰克林堪称不拖延的典范。而在现实生活中，大多数人总是拖延，似乎拖延已经成为狗皮膏药粘贴在他们身上，甩都甩不掉。要想戒掉拖延，必须有很大的决心，也要有顽强的意志力。曾经有专门的机构针对大学生进行调查，结果有70%以上的学生认为自己会拖延，而其中又有高达50%的学生认为自己始终在拖延。不得不说，拖延已经成为现代人的通病，也成为很多人都为之心烦的弊端。

说起拖延的危害，很多青少年不以为然，总觉得自己晚一点写作业，上学迟到几分钟，都无关紧要。其实，拖延的危害非常大，因为拖延对于人的伤害不是立竿见影的，所以很多人才对于拖延不以为然。而拖延真正的危害在于，它杀人不见血，让人在不知不觉中就陷入拖延的怪圈无法自拔，而且拖延在生活中无处不在，给人的学习、生活都带来很恶劣的影响。为此，作为青少年，我们一定要努力戒掉拖延，而不要等到拖延真的成为根深蒂固的坏习惯再感到追悔莫及。拖延还会使人陷入恶性循环之中。例如，孩子们在学习上只要有一个知识点的学习跟不上，在后续的学习中就会非常被动。反之，如果能够在一个知识点的学习上占据主动，真正领先，则在后续的学习中就能够掌握主动权。由此可见，拖延是很让人郁闷的，也是会让人感到非常无奈的。

　　小时候，李静是不折不扣的学霸，凭着聪明的头脑和极高的情商，李静不但学习上遥遥领先，而且深得老师的喜欢。然而，自从到了初中，也许是因为学习时间紧张、任务繁重，李静居然在不知不觉间染上了拖延的坏习惯，总是会对学习采取懈怠的态度，而且每天放学回家写作业都要妈妈爸爸再三催促，才愿意拿起笔。对于李静的表现，妈妈非常着急："李静，这可是初中，学习和小学阶段截然不同，如果你在这个时候掉链子，将来想要赶上和超越其他同学就会很难。"李静当然知道这个道理，但是她晚上就是不想早早睡觉，早晨当然也就无法做到按时起床，尤其是在学习上更是疏忽懈怠，不知道惹爸爸妈妈生了多少气。

　　眼看着学校里就要举行月考，爸爸妈妈督促李静一定要认真复习，李静做到书桌前就开始胡思乱想，根本没有真的把心思用在学习上。就这样，原本从晚上七点到十点钟，李静有三个小时可以临阵磨枪，却因为拖延，最后只看了十几分钟的书，还是三心二意看的。妈妈看到李静磨蹭的样子，非常生气，故意没有提醒李静，但是却和李静约法三章："如果月考成绩不好，未来每天都要额外多做一张试卷。"李静以为自己可以考取不错的成绩，就对妈妈做出了承诺。结果，考试成绩下来，李静大跌眼镜，她的成绩退步非常严重，居然只考了八十几分。因为和妈妈约定在前，李静只好信守承诺，在下一次考取好成绩之前，每天都额外完成一张试卷。她真正吃到了拖延的亏，以后再也不对学习三心二意，无限度拖延下去了。

现实生活中，很多人都决定要做一些事情，为了离自己的理想和梦想更近。但是，他们每天晚上想想千条路，每天早晨醒来脚下只剩下老路可走，这也正是拖延在发挥"杀人于无形"的作用。任何人，即使有再好的想法也没有用，必须让自己切实动起来，把很多该做的事情当机立断去做好，才能最大限度激发自己的能力，让自己变得更加积极主动。对于那些拖延成性的孩子而言，如果没有足够的动力主动去做，不妨逼迫自己一把，把自己逼得无路可走，也就只能朝前走，而不能回头。

其实，大多数拖延成性的人，都非常懒惰。在一开始的时候，他们还能以理性战胜懒惰，让自己表现得更加积极，而随着时间的推移，他们的惰性越来越强，就只能以拖延的方式逃避执行任务。众所周知，习惯的力量是很强大的，那么青少年必须战胜懒惰，避免养成拖延的坏习惯，才能在做很多事情的时候，积极地尝试，也给予自己更多的可能性获得成功。

拖延症真是天生的吗

拖延到底是怎么形成的呢？从心理学的角度而言，恐惧是上古情绪，也就是说从猿人时代开始，作为人类的记忆基因里就有恐惧因素存在，这主要是因为在当时自然的力量非常强大，而人的力量特别渺小，为此我们的祖先每天都战战兢兢生活，根本不知道危险会何时降临。而在现代社会，拖延症越来越严重，与巨大的生存压力和快节奏的生活形成巨大的反差，这又是为什么呢？

首先要明确一点，拖延症并非天生的，如果一定要把拖延症与天性扯上关系，那也只是因为人的本能是趋利避害，为此人人都想做对自己有益的事情，而不愿意做费心劳力的事情。从这个角度来说，畏难是拖延症产生的根本原因。

青少年正处于学习的关键时期，在学习的过程中难免会遇到很多难题，在这种情况下，一定不要盲目因为畏难而放弃努力，而是要更加积极主动，迎接挑战和困难，从而突破和超越自己，让自己有更好的成长和发展。也有些青少年之所以拖延，是因为想要逃避。他们不知道自己一旦开始做很多事情，接下来会面对怎样的困难，为此就选择不断地延迟，把这种现象归咎于心理原因，是因为孩子们缺乏自信，不能激励自己在人生的道路上勇往直前。

由此可见，青少年要想戒掉拖延症，还要鼓足信心和勇气，这样才能不拖延，激励自己坚持向前。

青少年的拖延原因多种多样，要想从根本上戒除拖延，一味地告诫自己要努力勇敢，无所畏惧是远远不够的，而是要提升信心，也要相信自己只要努力就能创造奇迹。为了培养信心，青少年可以从最简单的事情做起，一步一个台阶地获得进步，也让自己的信心越来越强。

常言道，万事开头难，孩子们并不是从出生开始就信心满满，而是需要通过坚持学习和点滴积累，才能让自己在成长的道路上获得更大的进步。众所周知，在进行剧烈的运动之前还需要热身呢，更何况是要提升应对困难的能力和信心呢！

其次，为了让自己能够满怀热情和激情地面对即将要做的事情，青少年还可以从兴趣出发，让自己从事喜欢的事情。正如人们常说的，兴趣是最好的老师，细心的父母会发现让孩子们写作业，孩子们很容易拖延，而如果让孩子们玩游戏或者去游乐场，孩子们一定是最积极的。为此，可以利用兴趣激发孩子开始的欲望，让孩子们从被动开始到主动开始，这样完成事情的效率和效果也一定截然不同。

再次，青少年的注意力很容易分散，有的时候，他们的确是忘记了要做一些事情，为此不妨采取定闹钟或者贴便利贴的方式，随时提醒自己，避免真的遗忘。常言道，好记性不如烂笔头，当把要做的事情写在随时都能看见的地方，孩子们就会得到提醒，自然也就会把事情做得更好。

最后，还要注意劳逸结合。青少年虽然介于少年和成人之间，走过了青春期就步入了成年，但是他们各个方面的能力发展毕竟有限，而且集中注意力完成任务也需要充足的经历。为此当全力以赴做好一件事情感到疲惫的时候，青少年就可以休息片刻，从而让自己劳逸结合，这样再次展开行动的时候才会有充足的动力，也才会有更加强大的信心。

有的时候，从事脑力劳动比较辛苦，还可以进行适当的运动。适当的运动不但能够帮助青少年放松精神，也可以让青少年获得身心的放松，起到很好的休息效果。

总之，拖延症形成的原因是多种多样的，青少年要根据自身的情况，以及正在做着的事情，进行综合分析，才能知道自己到底哪里做得好，到底哪里做得不好，这样一来，才能有的放矢地把事情做好，也才能起到事半功倍的作用和效果。

当整个人都变得精神抖擞，越来越勤快，青少年各个方面的表现都会越来越好，在成长和学习的过程中有更好的表现。

总之，拖延不是病，但是拖延的后果甚至比生病更加严重，为此青少年要对拖延症有深入的了解和认知，也要足够重视，才能戒掉拖延，让人生轻装上阵，有更加快速的成长和更加巨大的进步。

少年，不要眼看着自己变成拖延症患者

现实生活中，很多人都自诩为拖延症患者，更有甚者自诩为拖延癌晚期。众所周知，癌症是世界上迄今为止没有攻克的难题，那么一个人自称为拖延癌晚期，可想而知他们对于自己的拖延多么深恶痛绝，也的确深刻意识到拖延给自己带来的诸多麻烦。那么，如何才能避免自己成为一个拖延癌患者呢？

很多人对于拖延的严重后果都没有深切的认知，总觉得拖延只是稍微慢一些，对于事情的结果不会起根本性的影响和作用。殊不知，这样的认知完全是错误的，拖延可不仅仅是慢半拍的问题，现代社会生活节奏越来越快，生存压力越来越大，很多千载难逢的好机会都转瞬即逝，如果一个人因为拖延而错失好机会，那么还是慢半拍那么简单吗？当然不是。很多人因为对拖延不以为意，导致拖延症越来越严重，最终距离自己理想的生活更加遥远。众所周知坏习惯的力量是很强大的，既然如此，就不要眼睁睁地看着自己变成拖延症患者，而是要防患于未然，戒掉自己身上初露端倪的拖延症状和行为，从而让自己远离拖延症。

给你两个选择，一件事情如果既可以今天做，也可以等到明天做，而且今天也有时间去完成，那么你选择今天完成，还是选择明天完成？如果你当机立断选择去做，那么恭喜你，你

距离拖延症还很遥远。如果你选择明天完成,那么你必须提高警惕,因为你已经有拖延的倾向。如果你在明知道明天还有明天工作的情况下,依然选择把工作留到明天完成,那么你已经正式成为拖延症患者。

在人生中的每一天,我们既要完成计划内的事情,也要处理好计划外的突发情况。如果你的明日计划里已经安排了很多事情,你还坚持要把事情留到明天完成,而丝毫没有考虑到一旦明天有突发事情需要处理,就会导致无法完成任务。那么,你的拖延症会越来越严重,你的未来也令人堪忧。

拖延症的形成并非是一蹴而就的,就是在面对一件又一件小事情的时候,总是会拖延时间,由此日久天长变得越来越严重。为此我们对于拖延症要警钟长鸣,否则拖延症绝不是影响青春期的学习和生活,而且会严重影响青少年长大成人之后的工作与生活。到了拖延症晚期,再想治愈拖延症就会变得非常困难,很难彻底戒除。

小时候,豆豆是个急性子,不管做什么事情都很着急,希望在最短的时间内做好。渐渐地,随着不断地成长,豆豆变成了慢性子,每天上学都磨磨蹭蹭,不愿意起床。这是为什么呢?有的早晨,妈妈喊豆豆好几次,豆豆都蜷缩在被窝里睡得香甜,妈妈简直要崩溃。

原来,豆豆在幼儿园阶段,是由奶奶负责接送上学的。每

第05章 拖延自控力：拖延是时间的盗贼，是青少年自控的阻碍

天早晨，尤其是在寒冷的冬天里，奶奶看到豆豆睡在温暖的被窝里不愿意起来，就不会强制要求豆豆起床，而是当着豆豆的面说："没关系，幼儿园里也不学什么东西，就是玩耍的，你等睡够了再起床，奶奶再把你送到幼儿园。"就这样，豆豆成为了班级里的迟到大王，每次赶到幼儿园，小朋友们都吃完加餐了。日久天长，豆豆虽然小，也知道了上学不用着急。为此从幼儿园一下子进入小学，她还是拖拖拉拉，无法在短时间内提升速度。拖延症似乎能传染一般，豆豆不但起床慢，而且做很多事情都丝毫不着急。妈妈几次告诉豆豆："如果你想多睡十分钟，那么起床之后就要加快速度，不能磨蹭。"然而，豆豆不但多睡了十分钟，起床之后该怎么磨蹭还是怎么磨蹭，渐渐地，速度越来越慢，妈妈对她无可奈何。

和年幼的孩子相比，青少年已经长大了，而且也懂得了很多的道理。既然如此，青少年就要增强自控力，要认识到迟到的不良后果，也要努力督促自己按时起床，动作迅速地做完很多事情。好习惯的养成需要漫长时间的坚持，而坏习惯的养成却是很快的，这是因为人人都贪图享受，而不愿意逼迫和督促自己付出更多。在这种情况下，青少年必须意识到学习的重要性，先从思想的高度上知道学习是必须的，也要知道"少壮不努力，老大徒伤悲"的道理。其次，青少年还要激发自己对于学习的兴趣。试想一下，如果青少年对学习像对打游戏那样

满怀兴致，那他们怎么可能不在学习方面积极进取，踊跃表现呢！由此可见，激发青少年的学习兴趣是关键，也是重中之重。

当然，青少年的拖延未必只表现在学习上，而是表现在生活中的方方面面。当发现青少年有拖延的不良倾向时，父母要激励青少年加快速度，而作为青少年，如果发现自己出现了拖延的苗头，也要以顽强的意志力战胜惰性、畏难心理等一系列负面思想，从而才能在成长的道路上快速前进，获得最大的成就。

形成时间观念，青少年才能珍惜时间

对于年幼的孩子而言，他们觉得时间是静止的，常常无法感知到时间的流逝。这是因为孩子们还没有形成时间观念，为此也就没有养成珍惜时间的意识。这样一来，面对孩子慢吞吞的行为，父母虽然急得如同热锅上的蚂蚁，但是孩子却丝毫不能理解父母为何这么着急，为何总是催促他们。

之所以出现这样的现象，问题不在孩子身上，而在于父母身上。明智的父母知道，首先要帮助孩子形成时间观念，让孩子感知到时间的悄然流逝，这样一来孩子才会珍惜时间，也才会戒掉拖延的坏习惯。

第05章　拖延自控力：拖延是时间的盗贼，是青少年自控的阻碍

从小培养孩子的时间观念，并不是一件简单容易的事情，因为时间看不见也摸不着，时间的流淌更是很难感知。那么，父母要循序渐进引导孩子感知时间，如在孩子玩游戏的时候，告诉孩子只能再玩十分钟。当这样限定时间的次数多了，渐渐地孩子就会大概了解十分钟有多长。再如，父母可以教会几岁的孩子认识闹钟，告诉孩子时间每次走一个大空格，就是过去了五分钟，从而让孩子自己把握玩游戏的时间。当孩子经常看闹钟，渐渐地，就会对时间有更加准确清晰的感知。即使他们还不能准确认知秒针、时针，也会对分针印象深刻。那么，在孩子吃饭的时候，爸爸妈妈可以给孩子限定二十分钟时间，让孩子一边看着闹钟一边吃饭，从而把握时间。这样可以有效地提升孩子的时间观念，培养孩子珍惜时间的意识，让孩子知道当时针走过多久，一天的时间就会过去，孩子们自然会加快速度。当然，年幼的孩子还无法理解大段的时间，所以父母可以先引导孩子感知五分钟、十分钟等。只要父母有足够的耐心，孩子就能渐渐地形成时间意识。

当然，对于青少年来说不存在认识时钟的问题，因为在小学阶段的学习中，他们已经认识了时钟。那么，父母如何帮助青少年加快速度，珍惜时间呢？虽然比起年幼的孩子，青少年已经知道时间是不断向前流淌，也是值得珍惜的，但是他们的自制力还没有那么强，为此常常会分心做感兴趣的事情，也就在无形中把珍惜时间抛之脑后。在这种情况下，青少年一定要

制订详细的计划表，规定自己在具体的时间里要做哪些事情。只制订计划表还是远远不够的，青少年还要有的放矢地执行计划，而不要因为执行难度很大，就轻而易举放弃。一个好习惯的养成最开始总是最艰难的，当渐渐形成习惯，一切的进展就会更加顺利。为此，青少年要以顽强的意志力督促自己执行时间计划表，渐渐地，每天就可以按部就班完成常规的学习任务，这样一来，时间得到最大效用，就会把原本紧张的节奏变得适度一些。青少年只有驾驭时间，成为时间的主人，才能有的放矢利用好时间，否则总是被时间牵着鼻子走，总是无法把每一分钟每一秒钟都花在关键时刻，那么做事的效率就会大大降低。正是因为如此，现实生活中才会有些人看起来整天都忙忙碌碌，实际上却没有成效，而有些人看起来生活得很轻松，时间安排也没有那么紧凑，但是却把每一件事情都做得很好。这就是前者不善于利用时间，事倍功半，而后者善于利用时间，事半功倍。

　　大文豪鲁迅先生说，时间是组成生命的材料，浪费自己的时间等于浪费生命，而浪费别人的时间则等于谋财害命。鲁迅先生一生笔不辍耕，著作等身，就是因为他很善于利用时间，从不浪费一分一秒的时间，而是把别人喝咖啡的时间都用来创作了。看到这里，青少年们，你们也下定决心要利用好时间，杜绝拖延了吗？很多人误以为金钱、名利、权势是人生中最宝贵的资源和资本，殊不知，这样的想法有失偏颇。金钱、名利、权势在人生之中固然重要，然而更重要的是时间。时间是生命的载体，如果没有时间，生命也就不复存在，那么还如何做出伟大的事业，实现了不起的梦想呢？作为孩子，尽管此时此刻还很小，人生的道路还很长，但是这并不意味着孩子就能挥霍和浪费时间。古人云，一寸光阴一寸金，寸金难买寸光阴。任何时候，我们唯有珍惜时间，拥有时间，人生才能更加从容。

鲁迅小时候家里条件很不好，父亲生病，母亲一个人操持家务，照顾孩子，为此倍感生活艰难。在兄弟三人之中，鲁迅排行老大，下面还有两个弟弟。看到母亲辛苦，鲁迅总是很心疼母亲，常常需要早起帮助母亲做家务，照顾弟弟，有的时候父亲的药吃完了，鲁迅还要去当铺里当东西，再用换来的钱给父亲抓药送回家里。直到做完这一切，他才能赶到私塾里读书。有一次，鲁迅迟到了，私塾先生提醒鲁迅以后不要迟到。小小年纪的鲁迅自尊心很强，从此之后，他更早地起床，在上学之前把家里需要他做的事情都做好，然后早早赶到私塾里等着读书。为了表明不再迟到的决心，也为了提醒自己早早到校，鲁迅还用刀在课桌上刻下一个字——"早"。如今，鲁迅先生虽然已经离开了人世，但是在他的家乡，在他就读过的私塾里，还有雕刻着"早"字的书桌在警示后人们，一定要珍惜时间，勤学早。

时间是人生中最值得珍惜的宝贵财富，每个人都需要有时间，才能做自己想做的事情，才能实现生命的价值。正如人们常说的，健康的身体是1，其他的一切都是0。只有在1后面，0才有意义，否则0就毫无意义。健康的身体能让我们生存，拥有时间，拥有生命。由此可见，我们所做的一切都是为了主宰和把握时间。

青少年们，一定不要再对时间怀着不以为然的态度，也不要对于时间的浪费丝毫不觉得心疼。时间虽然没有脚，但是却始终在不停地往前奔走。如果我们奔跑的速度没有时间快，就会被时间远远甩下，成为落后者。人们常说，生活如同逆水行舟，不进则退，正是这个道理。只有真正把握时间，抓住时间，也争分夺秒地利用时间，我们才能在有限的生命里做出更大的成就，也才能真正驾驭时间，在生命的历程中获得腾飞的机会。

提升紧迫感，追风少年跑在时间前面

在这个世界上，每一个生命从呱呱坠地开始，就展开了与时间的赛跑。那些跑赢时间的人，在同样短暂的一生里获得了更伟大的成就，而那些输给了时间的人，则穷尽一生忙忙碌碌，却始终无所作为，只能算是个平庸者。而当看到别人获得了成功，而自己却始终与失败纠缠的时候，我们所要做的是反思自己是否真的抓住了时间，也合理利用了时间。如果回答是否定的，那么就要当机立断调整对于时间的利用，督促自己在生命的历程中有快速的进步和成长。如果你已经争分夺秒利用好时间，却没有跑赢时间，那么就要想一想自己是否合理安排时间，也把最重要的时间用于做最重要的事情。在一天的时间里，不同的时间段里，人的精力和学习能力都是不同的。作为青少年，要抓住上午的宝贵时间进行重要的学习，中午如果觉得困倦和懈怠可以稍作休息，而到了傍晚和晚上，精力充沛，思维清晰，也是非常适合学习、读书的。

青少年如果总是被人追赶着学习，则学习的效果一定不会好，而是要意识到学习的重要性，积极主动地学习，这样才能产生紧迫感，真正做到跑在时间前面。否则凡事都让人逼着去做，则一定会导致效率低下，非但不能抓住好机会把事情做好，反而会导致事情变得很糟糕。

当然，每个青少年都希望自己能够成为高效能的时间管理者，从而在做任何事情的时候都可以走在前面，也拥有最高的效率。但是，这可不是简单地想一想就能实现的，而是要培养自己珍惜时间的好习惯和良好意识，也要在切实去做事情的时候，可以争分夺秒。唯有如此，才能更加有效地利用时间，也才能让一切进展顺利，获得更好的发展和成就。

细心的青少年会发现，很多人明明有大量的时间可以把一项工作做好，但是他们总是在拖延，导致最后时间所剩无几，他们才开始着急地完成工作。这样一来，既无法保证在规定时间内完成既定任务，又会因为时间紧迫而导致效率低下，质量也得不到保障。这样一来，当然无法取得圆满的结果。明智的青少年会意识到不管有多少时间，都要把事情做在前面，第一时间去努力完成，这样才是最好的选择，也才是最明智的选择，能够尽最大努力争取到最好的结果。

还记得世界首富比尔·盖茨当初退学创业的事情吗？比尔·盖茨在哈佛大学读书，众所周知哈佛大学是世界顶级学府，有多少学子都想要进入这所大学，完成学业。然而，比尔·盖茨在意识到商机之后，没有片刻犹豫，当机立断选择离开大学，自主创业，这是因为他感受到了紧迫感，所以才会在最短的时间内做出这个明智且正确的选择。比尔·盖茨当年离开大学的时候，还曾经邀请一位好朋友和自己一起创业。遗憾的是，那位好朋友坚持要等到完成学业再创业，为此拒绝了比尔·盖茨的邀请。十年之后，这位朋友完成学业，成为哈佛大学的一位教授，而比尔·盖茨的微软帝国已经变得非常壮大。当然，这里不是说当教授不好，毕竟人各有志，如果人生的理想就是成为教授，在大学里教书育人，那么能够成为哈佛大学的教授是莫大的成功。但是如果人生的理想就是开创事业，那么错过了开办公司的好机会，则是会让人感到非常遗憾的。毕竟没有人能让时间倒流，更没有人能够回到十年前抓住商机成就自己。不得不说，这位朋友对于创业没有紧迫感，而是对于学习有紧迫感，所以他才会选择先完成学业。与他恰恰相反，比尔·盖茨意识到学习什么时候都可以进行，而一旦错过了开公司的好机会，则再也不会有同样的机会。事实证明，比尔·盖茨实现了自己的人生梦想，这是紧迫感给他的助力。

作为青少年，我们虽然未必有和比尔·盖茨一样的机会，但是一定要形成时间紧迫感。人生看似非常漫长，实则特别短暂，而且时间始终在以比我们预期更快的速度飞奔向前。为此我们一定要抓紧时间，这样才能在时间的流淌中把握生命的节奏，也争分夺秒做自己想做的事情。

很多成人在面对人生的不如意时常常喜欢假设，例如，他们会说"假如当初我坚持学习音乐就好了""假如当初我选择复读一年，一定能够考上大学""假如当初我能学习一门技术，现在就不用做这么辛苦的工作"……每个人都有太多的假如，但是时间绝不可能逆转，更不可能倒流。不要等到青春不在，再去懊悔自己没有珍惜青春好时光，不要等到白发苍苍，再去懊悔自己虚度了一生。世界上从来没有卖后悔药的，即使是无穷无尽的懊悔也不能把我们从糟糕的现状中拯救出去，更不要改变我们已经成为既定现实的幸运。如果你不想将来用"假如"总结自己的一生，表达自己的遗憾，那么就要从现在开始认清楚现实，也真正接受生命的紧迫。

做人，一定不要自欺欺人，更不要明知道时间匆匆，却依然浪费时间。所谓紧迫感，是每个人对于外界事物的感知能力。要想最终形成紧迫感，我们就要经常刺激自己，让自己的感觉更加敏锐，更加深刻。很多人都曾经看过斗牛，斗牛士总是用一块红布不停地刺激牛发疯，发起进攻。此时此刻，我们所要做的也是拿起一根隐形的皮鞭刺激自己，让自己对于时间的认知更加清醒和深刻，也让自己每时每刻都始终牢记要珍惜时间的原则。如果这根隐形的皮鞭不能起到最佳的效果和作用，我们还可以用各种方式提醒自己，例如，在课本的封面上写下"珍惜时间""时间就是生命"这样的话，用来时刻提醒自己。这样双管齐下，从内部动机和外部刺激上都做得很全面，自然激励的效果也会非常好。青少年们，从现在开始就珍惜时间，紧迫向前，戒掉拖延症吧，你会发现人生从此与众不同！

第06章
欲望自控力：少年，别被欲望所累而无法翱翔碧空

人生每天都在面对各种各样的欲望，青少年要想更好地控制自己，就必须成为欲望的主人，掌控好自己，而不要总是被欲望所累。适度的欲望可以激励人们更加努力、勤奋、向上，而过度的欲望则只会让人迷失自己，陷入欲望的深渊无法自拔。

鱼与熊掌不可兼得也

孟子云，鱼，我所欲也，熊掌，亦我所欲也，鱼与熊掌不可兼得也。的确，人生中，每个人想要得到的东西都很多，但是并非每个人都能得到自己想要的东西。任何时候，我们都要控制好自己的欲望，不要总是想得到一切。只有合理适度的欲望，才能激励我们不断地努力奋发，坚持向前。作为青少年，对于人生的渴望更加强烈，也希望从人生中得到更多的收获，却不要因此而迷失自我。俗话说，君子爱财取之有道，除了要合理控制欲望之外，青少年还要学会以恰到好处的方式满足欲望。

现代社会发展速度非常快，整个社会越来越浮躁，很多事情都进入到快餐时代，很多人都想一蹴而就获得成功，甚至不劳而获就得到自己想要的一切。为此，人人都想走捷径，都想速成，最终距离理想的生活越来越遥远。其实，人生中的很多事情都是没有办法走捷径的，我们要更加坚定不移做好自己该做的事情，要脚踏实地走好人生中的每一步，这样才能全力以赴攀登人生的高峰。

最近，老师们发下来报名课后兴趣班的通知，皮皮想要报名参加绘画，又想学习打鼓，这两个兴趣班的时间是重叠的，为此皮皮很犹豫，不知道到底应该选择哪一个。回到家里，皮皮把这件事情告诉妈妈，说："我很想学习打鼓，觉得男孩打鼓非常酷炫。不过，我也很喜欢绘画。要是这两个兴趣班能把时间调整开就好了。"妈妈对皮皮说："兴趣班的时间确定要综合很多因素，诸如要考虑到老师的时间安排，其他同学的时间计划，还有学校里的作息时间等，改变时间是不可能的，更不会因为一个人而改变时间。你要学会取舍。"皮皮为难地说："但是，我真的很想要学习这两门课。"看着皮皮纠结犹豫的样子，妈妈安抚皮皮："皮皮，每个人在人生道路上都要学会选择，因为一个人并不能得到自己想要得到的一切。人，总是想要得到很多东西，甚至是所有东西，这是完全正常的，是欲望在起作用。不过我们不能让欲望主宰，而是要努力控制和驾驭欲望，这样才能持续地成长，变得越来越明智，从而驾驭人生。"听到妈妈所说的话，皮皮似懂非懂，若有所思。妈妈看到皮皮迷惘的样子，说："既然这次时间冲突，你可以报名参加你最喜欢的课程，至于另外一门课程，就等到下次有机会再学习。只要你想学，总是有机会的。"皮皮点点头。

青少年在成长的过程中，同样会受到很多的诱惑吸引，也会产生各种欲望。很多父母对于孩子非常骄纵和宠爱，从小就总是无限度满足孩子各种欲望，让孩子错误地认为自己就是宇宙的中心，也习惯了自己的一切要求都得到回应和满足。然后，等到有朝一日孩子逐渐成长，离开父母的身边，进入社会生活中，再也没有人会像父母一样对他们有求必应，渐渐地，孩子们就会越来越被动和无奈，也会因此而导致内心受到打击。所以青少年一定要从小就学会取舍，不要奢望自己的一切要求都得到满足。只有控制欲望，理性掌控自己，青少年才能更加健康快乐地成长。

知足常乐，青少年不要盲目攀比

俗话说，知足常乐，这句话说起来很容易，真正想要做到却很难。这是因为很多人都喜欢攀比，在盲目与他人比较的过程中，不知不觉间就打破了内心的平衡，导致自己变得痛苦无奈、焦虑不安。众所周知，每个人都是世界上独一无二的生命个体，有自己的思想和观点，也有自己对于世界的独到看法。当然，每个人也有自己的天赋和特长，还有自己的劣势和不足。此外，人人成长的背景、受到家庭氛围的熏陶都各不相同。基于以上这些综合因素，每个人的成长和发展都是不同的，所取得的成绩和成就也各不相同。正是因为如此，在同一个班级里学习的孩子，才会出现学习表现截然不同、学习成绩相差悬殊的情况。

很多父母在看到孩子学习成绩不够理想的时候，总是把孩子与那些学习成绩特别优秀和拔尖的孩子进行比较。殊不知，这样很容易伤害孩子的自尊心和自信心，使得孩子变得很沮丧，在学习方面一蹶不振。反之，如果父母把孩子与那些学习成绩特别落后的孩子比较，则孩子又会盲目自信，沾沾自喜，还有可能在学习上出现很大的退步。明智的父母不会把孩子进行横向比较，而是会把孩子在今天的表现和在昨天的表现进行比较，从而查看孩子是否有进步，是否得到了成长。这样一来，让孩子每天都能够看到自己的进步，孩子渐渐地就会充满信心，也会因为受到鼓舞而更加不遗余力地努力进取。

尽管大多数孩子都不愿意被父母与他人进行比较，但是随着不断地成长，在进入青春期之后，他们往往自己也会情不自禁陷入比较之中。适度地在学习方面进行比较，可以激励自身更加具有好胜心，更加努力成长。而如果只是在消费、享受等方面与同学比较，则孩子就会渐渐地迷失自我，变得盲目追求高消费。毫无疑问，这样的比较对于孩子是绝对没有好处的，也常常会让孩子的内心失衡，变得紧张焦虑且爱慕虚荣。为此当发现自己想要和同学攀比手机、名牌服装与鞋子，攀比谁的零花钱更多的时候，青少年一定要保持理性，要及时认识到这样的比较是错误的，从而悬崖勒马。不当的比较除了会让青少年陷入爱慕虚荣的错误心态中之外，还会给青少年的家庭带来沉重的负担。有些青少年因为始终比不过别人，还会导致心态扭曲,走入歪门邪道之中,误入歧途。

自从上了初中,原本从来不讲究穿戴的雅丽,变得非常爱美,也很爱慕虚荣。这个星期,班级里有个女孩穿着漂亮的连衣裙去了学校,据说是她爸爸去国外出差带回来的,雅丽看到之后,当即缠着妈妈也在网上为她买一模一样的连衣裙。妈妈说:"那个牌子是名牌,非常贵的,并不适合你们学生穿着。而且,家里也没有那么多钱给你买这么贵的连衣裙啊!"雅丽哭起来说:"我就是不想看到同学穿着裙子耀武扬威,凭什么她能穿,我就不能穿呢!"妈妈耐心对雅丽解释:"雅丽,每个家庭里情况不一样。也许你的同学家里很有钱,但是我和爸爸都是工薪阶层,挣到的钱很少,只够维持家里基本的生活,没有多余的钱给你买奢侈品。换个角度来说,你还是学生呢,自己没有挣钱的能力,也根本没有必要穿那么贵的裙子。"雅丽噘起嘴巴生气:"你和爸爸为什么不能多挣点儿钱呢!"妈妈说:"我和爸爸不管挣多少钱,只有义务养育你长大,为你提供生活的必需品,也为你提供条件上学。这对于你来说就足够了。而且,我和你爸爸小时候家里穷,父母没钱供我们读书,所以我们现在只能做简单的工作,因为没有高学历,也没有好的技术,所以非常辛苦才能挣到很少的钱。但是,你不一样,你要抓住学习的机会改变命运。妈妈认为,你不要在吃喝穿戴上和同学攀比,而是要和同学比学习。只有学习好,才是作为学生的真正能力,好吗?"

在妈妈苦口婆心地劝说下,雅丽终于想明白其中的道理,说:"妈妈,放心吧,我会努力学习的,长大挣到钱再买漂亮的衣服,也给你和爸爸买。"妈妈笑起来,说:"我和你爸爸一直都粗茶淡饭习惯了,你只要有出息,把自己的生活过好,我和你爸爸就满足了。"雅丽感动地点点头。

到了青春期,不管是男孩还是女孩都开始更加注重自己的形象,也生出了攀比的心。在这个阶段,父母一定要引导孩子,让孩子明白不要攀比的道理,也让孩子把更多的时间和精力都用于学习上。否则,如果孩子总是陷入盲目攀比之中,就会因此而导致自己的内心波澜起伏,自然无法静下心来认真学习。

事例中,雅丽妈妈说得很对,孩子们正处于学习的黄金时间,正是要利用这个阶段认真学习,掌握更多的知识。又因为孩子们自己没有经济能力,而每个家庭的经济情况也不同,所以孩子们一定不能在金钱和物质上进行攀比。当攀比过度,就会给孩子的生活和学习都带来负面影响。为此,青少年朋友们,你们准备好在学习上拼尽全力,大显身手了吗?只有掌握更多的知识,努力提升自己的能力和水平,才有可能收获美好的未来!

虚荣心让少年陷入痛苦的深渊

爱攀比的青少年往往非常爱虚荣,他们常常会因为虚荣而导致内心扭曲,失去健康的心态,也让原本平静的情绪变得起伏不定。有人说,虚荣心是人生的深渊,也是痛苦的源泉,这句话非常有道理。尤其是对于青少年而言,他们虽然比儿童成熟一些,但是还没有真正地成熟,在思想上还很稚嫩。在这个特殊的阶段,一旦陷入虚荣之中,他们就很难控制好自己的心,也无法始终保持理性的心态,这对于他们的成长是极其不利的。

曾经有一位名人说,真正的强者,从来不会在意他人的目光。这告诉我们,那些爱慕虚荣的人,其实正是内心虚弱的人,正是因为缺乏自信,所以他们才更想得到他人的认可和赞赏,也需要通过他人的羡慕来证明自己的优越和价值。不得不说,这是非常糟糕的选择,因为任何时候我们都无法控制他人怎么想、说什么,而一味地改变自己去迎合他人,只会让我们更加痛苦。换个角度来说,一个人就算非常努力,而且拥有七十二变的本领,也不可能让所有人满意。既然如此,为何不能做真实的自己,做好自己呢?

整个初中阶段,玛丽都是那种非常普通、毫不起眼的女孩。她常常觉得自己在学校里就像是隐形人一样,根本无法赢得他人的关注。都说女大十八变，越变越好看，玛丽希望自己也能变得好看一些。进入高一，玛丽开始住校。有一个周末，玛丽在商场里闲逛，看到有一家品牌专卖店正在打折，而其中的一条裙子非常漂亮。然而，看到价格标签后，玛丽不禁有些犹豫，因为这条裙子就算打折之后，也要花掉她大半个月的生活费。玛丽想要放弃，离开这条裙子，但是脚却如同粘在地上一般，根本无法移动。想到上个星期同桌就穿了一条漂亮的裙子，玛丽一狠心，一咬牙，居然用身上所有的钱把裙子买了下来。想到自己只剩下宿舍里的几十元钱，却要坚持半个多月的时间，玛丽决定从现在开始每天都吃馒头咸菜。

周一，玛丽穿着裙子去教室，一个女生惊呼道："玛丽，这条裙子太漂亮了。这可是名牌啊，好贵的！"其他女生也马上过来围观玛丽的裙子，把玛丽如同众星拱月一般围在中间。在女生们的啧啧赞叹中，玛丽感受到前所未有的骄傲和自信。从此之后，她总是省吃俭用购买品牌，而且还常常找各种理由和爸爸妈妈多要生活费。有一次，看到班级里的女生戴着一条昂贵的项链，玛丽居然走上了犯罪的道路，偷了宿舍里其他同学的钱，也为自己买了一条同样的项链。这次事件东窗事发，爸爸妈妈和老师一起劝说那个被偷的同学，才让对方不追究玛丽的法律责任。然而，玛丽无法继续在这所学校读书，只好选择辍学。辍学之后的玛丽四处打工，挣了钱就给自己买昂贵的衣服，简直走火入魔。

在这个事例中,玛丽原本可以和很多其他的同学一样,顺利地高中毕业,考上大学,开始精彩的人生。然而,玛丽却因为过于爱慕虚荣,因而走上了歧途。她在第一次穿上名牌的连衣裙得到同学们的啧啧赞叹之后,就爱上了这种被围观的感觉,也因为内心非常虚弱,所以她开始迷恋这种感觉。殊不知,只依靠着衣服是不可能支撑起自信的,每个青少年对于虚荣都要有正确的认识,也要想方设法让自己获得真正的自信,这样才能在成长道路中不断地努力进取。

真正的强大,不是假装出来的强大,而是发自内心的强大。一个人必须更好地成长,更加健康快乐,才能有坚强的内心,从容接受人生中的很多境遇。青少年正处于成长的关键时期,学习的任务很重,情绪的变化也非常大。因此青少年要坚定不移做好自己,绝不要总是爱慕虚荣,否则就会陷入困境,遇到障碍,甚至还会导致出现退步。在这个世界上,有太多美好的东西值得我们去追求,也有太多的人过得比我们更好。与其盲目地羡慕他人,让自己的心变得更加虚荣,不如脚踏实地做好自己,这样反而能够活出独属于自己的精彩。

世界上并没有真正的完美

很多人都热衷于追求完美，不管做什么事情都要求尽善尽美，也要求必须做到最好。实际上，世界上并没有真正的完美，更没有所谓的十全十美。每个人竭尽所能，只能接近完美，而不能真正达到完美。在人生有遗憾的时候，一定要学会接受，学会放下，否则就会导致人生面临各种困境无法自拔，也会因为受到内心的局限而故步自封。尤其是青少年，正处于从少年阶段过渡到成人阶段的过程，身心都在快速发展，对于人生也更加充满渴望。由于荷尔蒙的大量分泌，青少年的情绪并不平静。

引起青少年情绪波动的因素很多，如成长过程中遇到的坎坷，追求完美而不得。因为大多数青少年都渴望得到同龄人的认可，所以他们对于自身的要求也会很高。心理学家曾经指出，完美主义者常常会出现强迫症状，就是因为他们总是不知道如何面对自己，也常常会因为内心的惶惑而变得颓废沮丧。追求完美当然是件好事情，但是过犹不及，如果不能掌握合适的度，总是一味地追求完美，就会导致青少年陷入完美的怪圈之中，也会因为过分追求完美而变得紧张焦虑，结果适得其反。

最近，张强正在筹备自主创业的事情，他的公司主营业务是电话营销。因为电话营销相对而言成本较低，不需要租用很贵的门面房，而可以把办公地点弄得偏僻一些，而且电话营销的从业人员门槛相对较低，这样一来张强所需要付出的薪资也就比较低。就这样，在紧锣密鼓的准备之下，公司顺利开张，正式开始办公。在对第一批电话营销人员进行培训之后，他们就正式上岗，开始展开电话营销。为了提升工作人员的水平，张强要求员工每天都要记录在打电话过程中遇到的难题，等到周末的时候汇总上交，再由他研究出话术，从而保证未来打电话的时候能够应对自如。

　　果然，才工作一周，大家就遇到很多问题，每个人都交上写满一页纸的问题给张强。张强针对这些问题给出了初步的解答，却觉得不太满意。为此，他没有把这些标准解答下发给员工，而是继续进行修改。经过了两次、三次的修改，张强还是不满意。每当看到员工打电话效率低下，他又忍不住抱怨和指责员工。就这样，有几个员工因为对张强不满而辞职，这个时候，朋友提醒张强："你还是先把标准答案发下去，让他们先提升打电话的效率。否则，你总是不告诉他们怎么说，又指责他们说不好，他们当然会觉得心里不平衡。"张强这才意识到自己为了追求完美，已经拿到大家汇总的问题十天了，却始终没有给出大家标准回答。虽然这些回答在他心里还不够完美，但是总比员工们自己随便说，词不达意，要来得更好。为此，张强赶紧把答案下发给员工们，员工们得到标准答案，水平快速提高。后来，张强又根据员工们每周的问题汇总，把问题更好地进行整理，写出更好的标准答案。渐渐地，员工们打电话的水平越来越高。

在这个事例中，幸好朋友提醒张强要尽快把标准答案发给电话营销的员工，否则张强总是改来改去，不但耽误员工们打电话的效率，而且会导致员工们在被批评之后内心愤愤不平，为此工作上也就更加三心二意，无法取得很好的成效。追求完美固然没有错，但是却不要为了追求完美而耽误事情的正常进度，否则一旦耽误了时机，反而会导致问题不能得到解决，甚至变得更加糟糕。

青少年一定要摆正心态，不要总是为了完美而追求完美。真正的追求完美，是要竭尽所能把事情做得更好，目的在于把问题圆满解决，而不是为了所谓的形式主义的完美。常言道，不忘初心，方得始终。青少年也要始终牢记自己追求完美的本心，这样才能坚持不懈把事情做得更好，也才能在成长的道路上努力前行。

适度，理应成为青少年的人生准则

日本漫画家宫崎骏的电影《千与千寻》里，少女的父母因为不能控制住吃的欲望，结果变成了猪。这个动画片之所以成为经典，就是因为它不但给孩子们带来了快乐，也为孩子们揭示了深刻的道理，告诉孩子们要控制好欲望，才能健康成长。

适度，是人生的通用准则，适用于在人生中的很多事情。不管做什么，一旦过度，非但不会向着预期发展，还会导致事与愿违。青少年还在成长和发展中，心态不够成熟，难免会在欲望面前失去限度。越是在受到诱惑或者被欲望裹挟的时候，青少年越是应该把持住自己，真正成为欲望的主宰，驾驭欲望，让欲望对人生起到积极的作用。

最近，班级里的学习节奏非常紧张，小雨每天都过着忙碌的生活。早晨早早起床，参加班级里的晨跑，然后吃饭、早读，就算是自习课上，也有写不完的作业。然而，小雨的成绩出现了很大的下滑，也许是因为初二年级的学习任务很重，所以小雨在学习方面有些夹生的现象。爸爸妈妈为小雨请了家庭老师，每个周末小雨都接受一对一辅导。老师对小雨说："小雨，要想学习成绩好，只是花费时间和精力还不够，还要在课堂上认真听讲。否则，在课堂上错过十分钟，跟不上老师讲课的节奏，在课后就需要花费几倍的时间去弥补，还耽误写作业的时间，对不对？"小雨觉得老师说得很有道理，当即决定要认真听讲。

在课堂上，小雨瞪大眼睛，全神贯注听讲，有的时候，因为听讲得太入神，就连低下头记课堂笔记的时间都舍不得。为此，他常常需要在课后和同学借课堂笔记。有一个周末上课的时候，家庭老师看到小雨的课本上已经上过课的页面上干干净净，问小雨："你怎么没有记课堂笔记呢？"小雨说："我不想耽误听讲，就没有记。我每次下课都会找同学借笔记，这次太着急，忘记借了。"老师说："小雨，听讲固然重要，但不是唯一重要的。你要学会边听课边记笔记，因为记笔记不仅是为了课后复习，在课堂上也是一种加强记忆的方式。听讲虽然要认真，也要适度投入精力，而不要把所有的精力都用于听讲，就忽略了记笔记。"小雨恍然大悟。

学习上总不能捡起了芝麻，丢掉了西瓜，而是要争取把各个方面的事情都做到最好，这样才能有更全面的发展和成长。否则，如果总是顾此失彼，则进步就会非常缓慢。尤其是青少年，对于人生充满了希望和设想，为此更加想要在生命的历程中尽情展示自己。在这种情况下，一定要做好权衡，综合考虑，从而理性做出取舍。

从心理学的角度而言，一个人如果不懂得适度的原则，实际上是因为他无法做出取舍，过于贪婪或者缺乏信心导致的。有人说，人生是一场未知的旅程，有人说人生就是在不停地做选择题，是由无数选择组成的。的确如此，青少年要理性面对人生的各种选择，做出最佳的方案，而不要总是这山看着那山高，更不要因为贪婪而导致自己什么都想得到，最终却一无所获。适度的人生看起来舍弃了一些东西，实际上是为了把人生经营得更好。毕竟每个人的时间和精力都是有限的，如果总是把有限的时间和精力用于做无限的事情，则最终事与愿违，什么事情都做不好。只有懂得集中时间和精力，处理最重要和紧急的事情，让人生秩序井然，人生才会有更大的进步和更多的收获。

第07章

形象自控力：年轻人，每天的好形象会让你的印象分持续看涨

青少年不但要关注学习，而且要关注自己的形象。只有拥有好形象，才能给他人留下好印象，否则总是邋里邋遢，不管走到哪里都不可能受人欢迎，说不定还有被他人嫌弃和鄙视！为此，青少年一定要培养自身的形象自控力，坚持打造良好形象，从而让自己成为真正的社会达人。

关注自身形象，少年才能给人留好印象

不管是对于男孩来说，还是对于女孩来说，良好的个人形象都具有非同寻常的意义。如果说一个人不能改变自身的相貌，因而无法选择自己长成什么样子，那么到底以怎样的形象示人，则是人人都可以积极改变和打造的。因为形象不仅仅取决于相貌，更包含很多其他的因素，诸如身高、穿着、发型、个人卫生、得体的配饰等。这些都会影响个人形象，作为青少年，切勿两耳不闻窗外事，一心只读圣贤书，而是要从现在开始就全力打造个人形象，这样才能在关键时刻给人留下好印象。当然，形成维持个人形象的好习惯，即使长大成人走上社会，也是至关重要的。

虽然人们常说不要以貌取人，这里的以貌取人指的是不要总是根据一个人的穿着打扮来判断一个人是否有权有势，而是要真正发自内心尊重他人，平等对待他人。尽管不要以貌取人，但是一个人的形象还是会决定他是否能给他人留下好印象。心理学上有首因效应，意思是说一个人在第一次见面时给他人留下的印象，会影响他人的判断、感受，甚至还会影响他们接下来的交往。为此，即使我们没有名贵的服饰，也要把自己的衣服洗得干干净净，熨烫得整整齐齐；即使我们没有条件

每天都洗澡，但是却可以坚持每天早晨在洗脸的时候，把头发也清洗干净；即使我们没有名贵的首饰，却可以通过佩戴简单的装饰品，让自己整体看起来更加协调。总而言之，所谓的打造形象并非要靠着金钱去做到，而是可以就地取材。而良好的形象也并不是要有华丽的服饰，或者是独特的造型，对于青少年而言，做到干净清爽，衣着得体，并非难事。此外，还要注意搞好个人卫生，这样才能拥有好形象，也得到他人的认可与好感。

听说学校里要组建合唱团，一直很喜欢唱歌的罗丹跃跃欲试，想要加入合唱团。不过，进入合唱团可不是想去就能去的，还要面试呢！在一个周末，学校里专门拿出一天的时间，让孩子们来参加面试。罗丹睡醒之后，简单洗了把脸，头发还没有梳理顺畅呢，就赶紧奔向学校。她还穿着已经穿了一个星期、脏兮兮皱巴巴的校服。到了学校，罗丹看到同班同学晓雪，不由得笑起来。原来，晓雪穿着蕾丝纱裙，还把头发也盘起来了，看起来就像要盛装出席演出一样。罗丹不以为然对晓雪说："晓雪，这是选合唱团成员，不是选美大赛，你看看你把自己打扮得跟个新娘子一样要干嘛！就算打扮再漂亮，嗓子不好也是白费力气！"晓雪有些难为情，说："哎呀，这是选拔，是面试，当然要慎重一些，才能给老师留下好印象。"

面试很快开始了，同学们排着队进行面试。晓雪在罗丹前面，进入大概十分钟，高高兴兴地出来了。她兴奋地对罗丹说："老师说，我很适合当领唱。"罗丹以为晓雪在吹牛，说："这还不知道谁水平怎么样呢，就让你当领唱了？"说着，罗丹进入面试教室。老师看到罗丹邋里邋遢的样子，不由得皱了一下眉头。她让罗丹唱一首歌，罗丹唱完之后，老师对罗丹说："嗓子倒是还可以，就是这个形象差了点。你平时也是这样子的吗？我觉得你好像才刚刚睡醒似的，一点儿都没精神。"罗丹有些羞愧，当然不敢反驳老师。老师说："这样吧，我可以破格再给你一次面试的机会，你周一放学到音乐教室找我。但是如果你还是这种形象，那就真的进不了合唱团了。"罗丹这才意识到形象的重要性，周一，虽然她没有像晓雪那样盛装打扮，但是把自己整理得干净清爽，也精心地把头发编了起来。老师看到罗丹，说："哎呀，这样多好，就像变了个人一样，以后都要这样子，我可不想再看到你面试时的邋遢样。"就这样，罗丹如愿以偿地进入合唱团。果然，晓雪被老师选中为领唱，罗丹暗暗想道："看来，老师很大原因是看中晓雪形象好。可惜我没有抓住机会好好表现，给老师留下良好的第一印象，不然领唱的美差就是我的！"

所谓的不以貌取人，并不意味着我们要做到对每个人都一视同仁。任何时候，良好的个人形象都会给我们加分，也会让我们得到更多的机会。作为青少年，虽然要以学习任务为重，但是也要关注个人形象，从而得到他人的好感，也顺利与他人相处和交往。

这是一个讲颜值的时代，然而身体发肤受之父母，我们都是无法改变的，也不能抱怨父母把我们生得不好看。要想打造个人形象，可以从非天生因素方面入手，从而让自己变得干净清爽，服装得体，也要提升自己的素质和涵养，从而言谈举止都很适宜，这样才会拥有真正的好形象。

不要放任你年轻的身材横向发展

这是一个以瘦为美的时代，作为青少年正处于长身体的关键时期，不要盲目减肥，否则就会影响身体发育。但是，也不要在青春期暴饮暴食，否则身体很容易发胖，身材也会变得臃肿。

对于青少年而言，最理想的状态是保持匀称苗条的身材，这样才能显得健康，有活力，在进行学校里规定的体育项目时也会更加灵活，从而顺利达标。这是健康身体对于美丽和运动的双重意义，为此青少年一定要做好身材管理，而不要纵容自己，肆意享受美食。

吃喝拉撒睡是人的基本生理需求，每个人都要吃饭，才能为身体提供能量，也才能让自己充满活力。摄入的食物能够维持生长所需和每日消耗即可，否则，身体就像在做加减法，如果加入太多，而减去太少，日久天长，多加的那些就会囤积在身体里，导致能量堆积，脂肪横生。如今，随着社会的发展，生活条件越来越好，因而在中小学校里，小胖墩越来越多。也有些孩子小小年纪就患上脂肪肝，都是因为不讲究科学膳食，摄入太多能量导致的。在青春期，每个孩子都很爱美丽，男孩希望自己长得更高更强壮，而绝不要有赘肉，女孩希望自己长得纤细苗条，凹凸有致。要想实现这个目标并不容易，管理好身材，关注饮食健康，多多运动是关键。

张晴是家里的独生女，从小就娇生惯养，不管家里有什么好吃的好喝的好玩的，通通都是张晴的。小时候，大家都喜欢婴儿肥的张晴，觉得特别可爱，而随着渐渐长大，张晴个子长高很多，却没有像大多数长个子的孩子一样瘦下来，原因就是她吃得很好，而且饭量很大。转眼之间，张晴已经升入高中，成为了一个大姑娘。有一天，一个男孩看到张晴正在吃点心，忍不住调侃张晴："胖妞，别吃了，你该减肥啦！"在此之前，张晴从未意识到自己原来这么胖，听到男生的评价，她伤心地哭起来。当天晚自习，妈妈又来给张晴送加餐，张晴对妈妈说："妈妈，以后晚自习不吃加餐了，我要减肥！"妈妈很心疼张晴："现在正是学习的关键时期，用脑很多，怎么能不吃好饭呢！"张晴说："我一日三餐就够了，现在再加上夜宵，岂不是要长成猪么！"不管妈妈怎么劝说，张晴就是不愿意吃。

妈妈失落地带着夜宵回到家里，爸爸得知情况后，对妈妈说："孩子长大了，爱美了，就尊重她的选择吧。而且，这是宵夜，本来就是额外的，不吃也没关系。"后来，作为医生的爸爸和张晴一起制定了饮食计划表，让饮食更加均衡。果然，一个学期过去，张晴的体重得到控制，稳定减少，身材也变得更好了。

作为女孩，到了青春期都很关注自己的身材。其实，肥胖不但不好看，而且还会影响身体健康，导致身体出现各种问题。所以不管是男孩还是女孩，都要趁着身材匀称的时候做好身材管理计划，而不要等到脂肪囤积再去劳神费力地减肥，不但要花费很多的时间和精力，而且效果未必好。

对于每个人而言，身体健康都是排在第一位的。如果没有健康的身体，即使拥有再多的身外之物也毫无意义。虽然青少年也许会觉得健康和自己没关系，而且认为自己的身体一定非常好，却也不要忽略对于健康身体的管理。要想保持健康状态，除了要控制体重，加强运动之外，还要避免病从口入。很多青少年喜欢喝碳酸饮料，喜欢吃各种油炸食品，为此导致血脂升高，患上原本年纪大的人才会有的心脑血管疾病。这就是纯粹吃出来的毛病，如果青少年能够管理好自己，不要总是吃这些垃圾食品，而是多吃粗粮，吃水果蔬菜，相信身体状态一定会越来越好。有的时候，身体的损伤是不可逆的，所以青少年要增强自控力，严格控制好自己，而不要为了一时的口舌之快而导致自己身体出现异常，患上疾病，否则就会追悔莫及。当青少年怀揣伟大的志向，不妨扪心自问：如果我连自己的嘴巴和身体都管不好，还能做什么事情呢？想到这一点，相信青少年一定会拥有更强大的自控力，让自己吃得好且健康，让自己的身体变得强壮，充满活力。

只知道运动重要还不够，坚持运动是王道

众所周知，运动是生命之源，会给生命提供活力，让生命变得更加生机勃勃。然而，如果只是从理性上知道运动的重要性，也常常把运动挂在嘴边，但是却从来不会迈开腿去运动。那么运动就会变成口号，根本不会促进我们身体健康。

很多男孩在看到其他男孩身上长满了肌肉时，一定会羡慕嫉妒，然而，只靠着心动是不能让自己也强壮起来的。正如一句广告词所说的，心动不如行动，只有真正展开行动，动起来，坚持运动，才能有效改善自己的身体状态，让自己变得更加神采奕奕，精神抖擞。当然，一个人跑步一次很容易，如果要在很长的时间里始终坚持跑步，就很难。虽然听起来跑步是

人人都能做到的事情，但是坚持跑步的人却凤毛麟角。坚持跑步不但要有体力支持，而且要有顽强的毅力，否则总是三天打鱼两天晒网，则渐渐地就会把运动抛之脑后。当然，运动的方式很多，我们要找到一种最适合自己的方式，才能坚持下去。如有些人不喜欢跑步，那么可以坚持游泳；有的人害怕水，那么可以选择打羽毛球；有的人不擅长球类运动，还可以利用器械进行锻炼。不管是哪种形式的运动，只要是适合自己的，也能始终坚持下去，日久天长，就能够起到很好的效果。一个热爱运动的人，看起来活力满满，精力充沛，而且思维和身手都很敏捷。反之，一个不喜欢运动，每天只会宅在家里坐着的人，看起来总是无精打采，做任何事情都提不起兴致，整个人似乎都锈住了，而且思维运转也很慢。为何运动和思维会有关系呢？因为对于脑力上的疲惫而言，运动是一种很好的放松方式。当大汗淋漓做完运动，整个人都会变得神采奕奕。

此外，坚持运动，还可以培养青少年的意志力。当青少年坚持运动，也尝试着突破自己的身体极限，则未来他们在做很多事情的时候，哪怕遇到困难，也会充满自信，坚持不懈，想方设法地战胜困难。如果青少年被运动吓住，在感到疲惫的时候就选择放弃，渐渐地，青少年的自信心会越来越差，意志力也会更加薄弱，那么将来在做很多事情的时候，当然会表现出不堪一击的样子。如今，有很多父母有意识地引导孩子坚持跑步，就是在用这样的方式引导孩子锻炼身体，与此同时培养和提升孩子的意志力,所以说坚持运动一举数得,好处多多。

乐乐从小就是个匀称的孩子,从未有过瘦弱得如同豆芽菜一样的阶段。看着乐乐又长高,又长壮,妈妈高兴极了,也对于自己的喂养技术很自豪。然而,在三年级开学没多久,乐乐因为滑轮滑骨折,导致整个右腿都打上了石膏,从脚趾头到大腿根部,一点儿都不能动弹。就这样,他在床上躺了三个月才拆掉石膏,又在床上休息了三个月才下床活动。在床上待了小半年的乐乐,能吃能喝,却没有运动量,为此就像吹气球一样长胖了,原本刚刚好的身体与体重瞬间失去平衡,体重明显超重至少二十斤。因为腿部的恢复还需要一段时间,所以乐乐没有办法进行高强度的运动训练,只有偶尔爸爸要求的时候,他才会和爸爸一起去走路。走了一段时间之后,爸爸咨询医生得到许可,告诉乐乐可以开始慢跑。但是面对自己笨重的身体和还不够灵活的腿部,乐乐明显有些抵触和排斥。

在坚持了几天之后,乐乐就不愿意再跑步了,说自己会坚持走。爸爸语重心长对乐乐说:"乐乐,只靠着走,很难让腿部的力量快速恢复。你放心,医生说你的腿已经好了,可以跑步了。你还记得卧床期间因为锻炼很少,也不下地,所以腿部患上了废用性骨质疏松吗?现在我们要坚持运动,才能改善骨质疏松的情况,也才能帮助你甩掉这一身赘肉。"在爸爸的督促下,乐乐始终坚持运动。一年之后,乐乐不但腿部恢复情况非常好，而且身材也变得匀称强壮起来。

　　人人都知道运动重要，但是坚持运动的人却很少，这是因为人人都想舒服地待着，而不愿意大汗淋漓地运动。在上述事例中，也许乐乐在卧床养伤的半年里，也变得懒惰，不愿意活动，这是因为他的体重增加，而腿部却因为负伤而导致负重能力减弱。幸好爸爸得到医生的允许，也知道受伤之后的康复运动对乐乐至关重要，因而始终坚持督促和陪伴乐乐运动，这样才能帮助乐乐找回自信，也变得更加充满力量。

　　运动的方式多种多样，我们没有必要学习谁坚持进行某一项运动，而是要根据自身的身体情况和条件，选择最适宜的运动。一项运动就算对身体非常好，如果我们只是进行一次或者几次，而不能坚持下去，那么就不会有效果。运动是循序渐进的过程，必须持之以恒，才能产生明显的效果，也才能真正改善我们的身体状态。尤其是青少年，正处于身心发展的关键时期，如果能够坚持运动，就可以有效改善体质，强身健体。此外还需要注意的是，运动要讲究方式方法，也要把握合适的度，避免盲目运动，伤害身体。尤其是很多青春期男孩因为羡慕别人的一身肌肉，往往会有错误的认知，觉得只要利用器械认真练习，自己也会获得肌肉，显示男性的阳刚之气与力量。其实，在健身房里使用器材进行锻炼的时候，一定要在专业教练的指导下进行，否则很容易拉伤，这样一来非但没有达到强身健体的效果,反而使得自己的身体受到伤害,可谓得不偿失。在运动的时候,青少年既要有自控力来坚持管理和督促自己,也要把握合理的限度,这样才能让运动起到最好的效果,也真正地改善我们的体质,让我们变得活力充沛,力量满满。

坚持做独特的自己,活出青春的样子

有人说,人生是未知的旅程,有人说,人生就是不断犯错的过程,还有人说,人生就是一次又一次选择,是在接连不断的选择中接连成型的。的确,不管人生是什么,终究都要面对一个又一个选择,每个人唯有坚持做自己,才能活出来自己独特的样子,也才能坚持做最真实的自己。

每个人对于成功都有不同的理解,有人认为赚取大量的金钱是成功,有人认为获得更大的官位和权利是成功,还有人认为岁月静好是成功。每个人都是这个世界上独一无二的生命个体,为此每个人对于人生都有自己独特的理解和感受。然而,人是群居动物,要在人群中生活,未免会受到各种人和事情的影响。如何与外部世界相处,是孩子在不断成长的过程中必然要面对的问题。有些青少年总是因为别人的态度而改变自己,殊不知,一个人就算学着孙悟空七十二变,也根本不可能得到所有人的认可与喜爱,既然如此,为何不坚持做自己呢?就算并非人人都喜欢我们，至少我们活出了自己本来的样子，也拥有了自己期望的人生，这才是最重要的。爱自己，坚持做自己，活出自己所期望的样子，是人生最大的成功。

最近，艾米突然叫嚷着要剪短头发，一直以来，艾米最珍惜的就是自己的头发，为何现在突然要剪短发呢？爸爸妈妈很不理解，尤其是妈妈非常心疼艾米的头发，迟迟不愿意答应艾米剪短。在妈妈的再三询问下，艾米终于说出真相："妈妈，最近我们的四人小分队里，已经有三个人都剪短了头发，如果我不剪短，就和她们显得很不一样，她们三个人也会更加亲密，似乎我是个另类。"听了艾米的话，妈妈陷入沉思："艾米，好朋友的情谊可不是用形式来衡量的。如果她们都很喜欢短发，而你偏偏喜欢长发，那么她们也会尊重你，甚至称呼你为长发飘飘的宝贝呢！你觉得呢？如果一个人不喜欢你，也不会因为你剪短了头发就喜欢你。所以妈妈觉得你还是要慎重考虑，到底是剪短还是继续留长。"

在妈妈的一番启发下，艾米并没有打定主意，反而更加纠结。爸爸对艾米说："艾米，一个人不管怎么改变，都不可能让所有人喜欢自己。你听说过吗？萝卜白菜，各有所爱，就算是你不改变自己，就是原来的样子，也依然会有人喜欢你，愿意与你当朋友。爸爸觉得你只要做好自己，就会有很多真心喜欢你的朋友。"艾米决定继续保留长发，果然如同爸爸所说的那样，大家依然非常喜欢艾米，四人小分队里的另外三个人非但没有疏远艾米，反而和艾米走得更加亲近了。

青少年会面对各种各样的问题，学习上的，生活上的，以及与朋友相处中遇到的困难和障碍。尤其是在青春期，青少年更加渴望得到同龄人的认可和接纳，为此从众心理会显得很强。渴望融入团体之中，这当然是好事情，但是如果只靠着改变自己去迎合他人，未必能够获得真正的友谊。对于青少年而言，虽然不主张标新立异，以猎奇的言行举止去吸引他人，却也要坚持做自己，这样才能在成长的道路上不断地努力前行，活出真正属于自己的精彩。

青少年朋友们，不管你们正处于人生中怎样的阶段，也不管你们正面临着怎样的难题，都要坚持做好自己。当认识到自己的错误时要及时改进，以提升和完善自己。同时，不要盲目因为别人的评价就改变自己，否则只会东施效颦，最终贻笑大方。要相信，坚持做自己，你就是最成功的，你必然会为自己感到骄傲和自豪。

人是衣服马是鞍，得体的服装为少年加分

俗话说，人是衣服马是鞍，也有人说，好马必须配好鞍。

对于青少年而言，如果想要提升个人形象，就一定要注重衣着得体，这样才能为自己的形象加分，也才能给他人留下好印象。举个最简单的例子而言，学生的衣着应该以简单干净、舒适且便于活动为主，而不要盲目讲究款式。很多美丽的时装只适合女性走红毯，而不适合作为日常穿着。如果是当老师，则要穿着端庄，亲切随和，而不要穿着猎奇的服装。如果是白发苍苍的老人穿着嬉皮士风格的衣服当然会给人以怪异的感觉，也会给人留下不稳重的印象。总而言之，在社会生活中，每个人所扮演的社会角色和身份不同，为此要符合自己的身份选择得体的服装穿着，这样才能起到最好的效果。

人们常说，穿衣服不随，不是王就是贼。这句话听起来非常接地气，正是普通老百姓经常挂在嘴边的话。乍听起来这句话很难理解，实际上告诉我们一个人穿衣服如果看起来很与众不同，也不符合普通人的身份，那么不是王者，就是贼人。前者因为身份不同所以有自由穿各种衣服，后者因为身份卑微，为此总是无暇顾及自己穿什么，因而就穿得不伦不类。如今，有很多青少年为了猎奇，吸引他人的目光，也会故意穿着奇装异服，只为了提升自己走在大街上的回头率，只为了让自己得到更多人的关注。殊不知，这样吸引来的目光往往是厌恶和嫌弃的目光，根本不可能为我们赢得真正的尊重和赞赏。与其以奇装异服来吸引人的目光，不如穿着得体的服饰塑造自己的良好形象，再加上礼貌文明的言行举止，一定能为青少年加分不少。

最近，妈妈发现原本穿衣服中规中矩的娜娜审美趣味有些改变，她开始尝试穿破洞牛仔裤，接近于嬉皮士的着装风格。对于娜娜的改变，妈妈一开始很担心，想要干涉娜娜，但是被爸爸劝阻了："孩子大了，该有自己的主见了，不要太多干涉她，否则她永远也长不大。"妈妈尽管对于娜娜的服饰有些看不惯，却觉得爸爸说得很有道理，为此控制住自己不说娜娜。

又过去一段时间，娜娜周末回家，居然穿了一件渔网状的上衣，而且领口开的很大。妈妈再也忍不住对娜娜说："娜娜，这件衣服不适合你穿。"娜娜很排斥："为什么，这个衣服很漂亮，还有同学说我穿上非常性感呢！"妈妈说："正是因为有同学说你穿上很性感，所以才不适合你穿。你要知道，你现在的身份是学生，穿衣服要符合你的身份。这件衣服是镂空的，的确很性感，妈妈觉得你可以等到大学毕业再说。"娜娜看到妈妈严肃的表情，觉得很为难，这个时候爸爸也在一旁敲边鼓："娜娜的身材很好，等到大学毕业后穿着，肯定吸引很多追求者。但是现在穿的话，的确有些浪费了学生时代青纯的美丽。其实爸爸最爱看你穿吊带裙、牛仔裤，还有简简单单的T恤衫，充满了青春的活力和朝气。"在爸爸妈妈的鼎力合作下，娜娜终于不再穿这么性感的渔网服，而是把它放在箱子底下，等到长大了再拿出来穿。

青少年正在学习和成长的关键时期，应该把更多的时间和精力用于学习,而不要花费太多的心思打扮自己,更不要穿着不得体的猎奇服装。在现代社会,有很多的新款时装都是非常漂亮的,而且也有很多高档时装吸引女孩的注意。爱美之心人皆有之,女孩想要穿着更加漂亮的衣服无可厚非,却要符合自己的身份,选择适宜的服装。和女孩相比,作为男孩,穿着猎奇的空间大大减小,不过有些男孩盲目追求名牌,或者买几千块的鞋子,或者穿几千块一件的衣服。这样的穿衣打扮不但不符合学生的身份,而且会给家庭带来沉重的经济负担,也是很不可取的。学生穿衣服最好以简单的棉质材料为主,亲肤自然,而且容易打理,还要选择那些普通的款式,可以在样式上花些小心思,却不要追求盲目追求繁复。自然就是最美,简单才是永远的经典,尤其不要追求穿名牌。归根结底,学生要以学习为主,即使打造个人形象也要适度,把侧重点放在服装的干净整洁和得体适宜方面。

头发是好形象的重中之重

　　细心的青少年会发现,每次与陌生人相识,在打量陌生人的时候,我们总是情不自禁先看陌生人的头部,而不是陌生人的脸部。这是因为头部是一个人身上的最高处,从上到下打量人,是很多人的习惯性行为。为此,要想拥有良好形象,我们一定要打理好头部，这样才能塑造自己的好形象，也给他人留下好印象。

　　遗憾的是，大多数青少年都很贪睡。作为走读生的他们，常常会在父母喊好几遍之后才起床，起床之后只能匆忙洗漱，清洁牙齿和脸部，而无暇顾及头部。作为住校生的他们，更是因为缺乏监督，而常常会睡到最后一刻才起床，囫囵刷牙洗脸，仓促搞好个人卫生。从严谨的角度而言，都不能算是搞好个人卫生，而只能算作是敷衍了事。在日复一日的紧张忙碌中，大多数青春期男孩只有在洗澡的时候才会洗头，而有相当一部分青春期女孩因为头发比较长，洗头很麻烦，为此把洗头当成是浩大的工程。有些女孩因为觉得长头发太麻烦，为此还会把头发剪短，却发现每天早晨起床之后短头发更加乱糟糟的。总而言之，不管是对男孩来说，还是对女孩而言，头发的干净整洁和良好形象都是打造的重点，都是要花费时间和心思去维持的。

　　自从上了初中，小菊就住校了。整个小学阶段，小菊都住在家里，是走读生，为此妈妈每隔三天就会督促小菊要认真洗头，也会帮助小菊吹干头发。上了初中，小菊只有每个周末才回家，平日里因为用热水不是很方便，也因为头发又长又多，小菊就不洗头。周末回到家里，妈妈闻到小菊头发上有浓重的头油味道，对小菊说："小菊，你在学校里每个周三也要洗一次头，不然头发就会有味道，显得脏兮兮的，影响你美少女的形象。"小菊很为难，对妈妈说："在学校里洗头要两壶水，我都要和同学借水壶用。而且，洗完头没有吹风机，很难干，湿漉漉的很感受。"妈妈想了想，问小菊："那么，你愿意把头发剪短一些吗？的确，长头发在学校里打理起来不那么容易，在家里还有妈妈帮你呢！"小菊想了想，对妈妈说："剪短是多短呢？"妈妈说："如果你还想扎头发，可以剪得略微短一些，齐肩短发，够扎起来即可。如果你不想继续扎辫子，就可以剪得更短一些。"小菊说："我的上铺就是短头发，就像男孩的小分头那样。不过，她每天早晨起床，头发都会翘起来，很难看。"

妈妈笑起来，说："小菊，最省事就是秃头，但是大家为了爱美都不愿意剃秃。其实短头发翘起来的问题很容易解决，只要早起一会儿就能弄好。你可以在洗脸盆里倒入一些热水，用手指沾水梳理头发，然后再用毛巾浸湿头发，再把毛巾覆盖在头发上，这样头发就像洗过一样非常服帖，因为热水对于头发有塑型的作用。"小菊郁闷地说："妈妈，这也太费事了，比扎头发还麻烦。"妈妈说："的确不比扎头发省事，但是这样一来，你洗头的时候会更容易，就可以在学校里洗头，对不对？"小菊沉思片刻，决定把头发剪短，顺便也可以给自己换个新形象。

在这个事例中，妈妈的办法很好，最终让小菊下定决心改变发型，剪短头发。对于很多青春期女孩而言，尤其是在初中就住校的情况下，孩子们的自理能力还没有那么强，所以清洁头发的问题往往会困扰他们。为了打造自身良好的形象，不管是男孩还是女孩早晨都应该早一些起床。其实对于留着板寸发型的男孩而言，早晨完全可以洗头。因为青春期孩子们正处于身心快速发展之中，所以身体的代谢非常快，也因为荷尔蒙的大量分泌，体味往往比较重。在这种情况下，一定要勤于洗澡洗头，保持个人卫生，这样才能以干净清爽的形象示人。

好形象从头开始，只有头部干净清爽，整个人给人的印象才会好。早晨的睡眠固然宝贵，不过早起十分钟并不影响青少年得到充分休息，为此青少年要调整好作息时间，给自己留下充足的时间去打理好头发，整理好发型。

合理作息，才能劳逸结合

众所周知，青少年要以学习为主，要在课堂上认真听讲，在课后认真复习和完成作业，这样才能保证学习效果。每个青少年的身心发展节奏和进展不同，有的青少年属于后知后觉的类型，心思还很单纯稚嫩，为此对于学习往往怀着漫不经心的态度。有的青少年心理成熟比较早，为此对于学习更加重视，也可以做到积极主动学习。

很多青少年排斥和抵触学习,也有一部分孩子爱学习爱读书到废寝忘食,感到非常烦恼。的确,做任何事情都要有限度,尤其是学习属于漫长的过程,需要青少年在很长时间里持之以恒,如果为了学习而忽略了休息,导致严重透支体力和心力,就是不可行的。青少年热爱学习固然值得赞赏,却要讲究可持续性发展的策略,这样才能真正劳逸结合,也才能让良好有序的学习继续向前发展下去。

最近,即将要月考了,可乐平日里就很用功努力,为了考出好成绩,更是决定要冲刺一个星期。从周一开始,她就把每天晚上九点半入睡的时间进行了调整,改成十一点入睡,而让自己多复习一个半小时。对于可乐的行为,妈妈表示很担忧,毕竟可乐每天早晨六点半就要起床,十一点半才睡觉,有些太晚了。然而可乐对此不以为然:"没关系,我就冲刺一个星期。"就这样,可乐坚持十一点才上床,有的时候因为复习太紧张和兴奋,还会迟迟睡不着。才三天过去,可乐就有了熊猫眼,有一天上午在英语课上居然睡着了,被老师狠狠批评一通。

老师把这件事情告诉妈妈,妈妈语重心长对可乐说:"可乐,这么熬着可不行,你看看,虽然你晚上多复习了一个多小时,但是白天上课却不小心睡着了,这可是得不偿失。"可乐很固执，对妈妈说："妈妈，那只是个意外，我保证不会再发生上课睡觉的事情，你就让我再坚持几天吧，还有几天就月考了。你没听说临阵磨枪，不快也光么！"可乐一如既往，有一天早晨起床的时候突然觉得头晕，险些晕倒。妈妈赶紧带着可乐去医院里检查身体，经过一番检查，医生断定可乐的身体很健康，没有异常情况，不过在看到可乐的黑眼圈时，医生说："晚上要早些睡觉，睡眠不足也会导致头晕。"妈妈说："这孩子非要熬夜复习，说是冲刺，结果有一天在课堂上都睡着了。"医生对可乐说："那可不行，这么熬下去是会生病的。学习是长期的过程，真正学习好的孩子，大考大玩，小考小玩，就是因为他们把功夫下在平时，绝不是等到考试再临时抱佛脚。就像你今天，因为头晕而来到医院，岂不是更耽误学习么，这要熬多少个晚上才能补回来啊，还不如正常作息，在白天里多多下功夫呢！"可乐觉得医生说得很有道理，也在自己的心中算了一笔时间账，为了避免再次发生耽误上课来医院的情况，她最终决定采纳妈妈的建议，晚上按时睡觉，课上认真听讲，保证白天的学习效率。就这样，可乐在考试之前得到充分休息，考试的状态非常好，考取了很不错的成绩。

妈妈和医生说得都很对，妈妈更多地从担心可乐身体出发，希望可乐能够获得充分休息，却没有体谅到可乐勤奋学习的心。而医生呢，则从休息不好耽误学习作为出发点，成功说服可乐学习上要保持可持续发展的状态,只有在充分休息、劳逸结合的情况下,才能让自己在学习上有更出色的表现。在妈妈和医生的通力合作下,可乐针对学习效率详细盘算,相信只有休息好才能提升学习效率,保证学习效果,马上调整熬夜复习的计划,最终以良好的状态迎接考试。

  青少年爱学习当然好,因为认识到学习的重要性,他们才能全力以赴搞好学习。但是,学习绝不是一蹴而就的事情,也不是短时间内就能获得成功的。孩子从六岁正式进入小学阶段踏上学习的征程,要经历十几年的时间才能大学毕业,初步完成学业。即便有朝一日走上社会,走上工作岗位,作为成人也同样需要勤奋学习。由此可见,学习已经不再仅仅是学生的任务,而是每个人都要坚持做好的事情。作为青少年,更是要从小养成良好的学习习惯,才能始终在学习的道路上坚持以正确的方法去学习,也督促和激励自己不断成长。

第 08 章

习惯自控力：习惯的力量惊人，好习惯让年少的你受益一生

　　习惯的力量是惊人的，当自控力与好习惯合二为一，青少年在做很多事情的时候就不会因为无法控制自己而感到痛苦，相反那些事情会成为他们理所当然、顺其自然去做的事情，而且完成特定的任务会给青少年带来充实感、成就感和满足感。好习惯使人受益一生，青少年要从现在开始就努力培养好习惯，以自控力助力好习惯的养成。

少年需要制约机制管理自己

生活中有很多因素能够促进青少年管理好自己，这些因素对于帮助青少年提升自制力是有好处的，是自制力养成的积极因素。而有些因素则会对青少年形成诱惑，使得青少年在成长过程中迷失自我，也会偏离原本既定的轨道，这些因素对于青少年会形成负面影响和消极作用力，为此在成长过程中，青少年要增强自身的力量，抵制这些不良因素的诱惑。然而归根结底，青少年正处于身心成长的关键时期，情绪发展还不够成熟，自我管理能力也相对薄弱，为此很有必要对自己定下制约机制，从而给予自己外部的力量，让自己能够坚持管理好自己，有效提升自制力。

在现实生活中，那些有着强大自制力的人总是意念坚定，他们很善于管理自己，不允许自己的意志力出现动摇的情况，也不允许自己一旦遇到困难就产生畏惧和退缩的心态。为此，他们在人生的历程中就像是一把剑，总是能够努力向前，丝毫不会被其他因素所干扰。然而，这样的人毕竟是少数，还有更多的人都意志力薄弱，为此他们总是轻易动摇，也常常会因为各种事情而导致自己内心不够坚定，对于想好要去做到的事情总是轻而易举就放弃了。不得不说，对于这些人而言，成功非常遥远，因为他们从未步伐坚定地向着成功走过去。那么，对于意志力薄弱、自控力相对比较差的人而言，如何才能有效地提升意志力，增强自控力呢？只是从思想上认识到管理好自己的重要性，远远不足以支撑我们都成为自控力很强的人，更多的时候，我们还需要外部的约束力，这样才能更加全方位地约束和管理好自己，让自己成为理想和期待的样子。

有一位心理学家曾经这样形容过意志力薄弱的人，"面对意志力薄弱的人，我常常觉得自己是在和两个人进行交谈，一个是他们自己在发出心声，一个是他们心中那个意志力薄弱的自己在不停地辩解"。由此可见，意志力薄弱的人很善于给自己找各种理由和借口，让自己可以理所当然地动摇、放弃，或者是畏缩、退却。例如，一个学习成绩下滑的孩子会说："我真的很想提升学习成绩，不过最近我还要练习跆拳道，根本没有那么多时间看书和学习。"再如，一个减肥失败的女性会说："我真的很想恢复苗条的身材，不过，我最近工作压力特别大，一旦感到焦虑紧张就想吃东西缓解心情。我想过了这段时间，把项目完成，再把减肥的事情提上日程。"不管是那个为了学习跆拳道而不能搞好学习的孩子，还是那个为了完成工作项目而不能减肥的女士，他们都只是在为自己找借口而已。练习跆拳道完全可以当成紧张学习之余的放松项目，而工作压力大、任务紧更是需要学会放松，多多运动，才能调节好身体状态，让自己更加全身心投入工作之中。

为了更好地管理自己,每个人都需要一个制约机制,毕竟人的自控力是有限的,尤其是青少年面对很多的诱惑,又缺乏自控力,就更需要有机制来制约自己,对自己进行更加到位的管理。为了提升机制的制约作用,还可以把这个机制公之于"众"。例如,在家庭范围内公布自己的减肥计划,邀请全家人来监督自己,增强自身的执行力;把提升学习的计划告诉老师和同学们,这样一来,就算老师和同学不会主动督促,我们一旦没有执行计划,也会感到内心很羞愧,从而迫使自己一定要执行计划,按照原计划完成规定的任务。唯有如此,我们才能前进,也才能在制订计划之后按部就班执行计划,把纸上谈兵的计划变成现实。

制约机制除了要制定计划之外,还有很多其他的方式可以灵活采用。例如,对于想要提升学习的孩子而言,可以承诺:"如果不把成绩提升十个名次,我就不能去游乐场玩。"对于想要减肥成功的女士而言,可以把自己衣柜里所有肥大的衣服全部扔掉,而只留下身上的一件合体衣服,其他的都是必须减肥成功才能穿的衣服,再坚定不移告诉自己:"我必须减肥,才有衣服可以替换,我绝对不会再买那些肥大的衣服。"这样一来,女士一定会有足够的动力坚持减肥,因为她绝不愿意在漫长的时间里都穿着同样的衣服出现在众人面前,变得很邋遢,也毫无形象可言。这样一来,就会形成切实有效的制约机制,也会起到良好的效果。

青少年朋友们,一个带着"随身律师"的人每时每刻都在准备为自己辩护，为此请从现在开始就丢弃"辩护律师"，而用制约机制取代"辩护律师"吧。唯有如此，我们才能增强自己的自控力，让自己的意志力变得更加强大。一个没有自控力的人，做任何事情都很难取得成功，因为他们意志力薄弱，常常会想到放弃。只有一个拥有强大自控力的人，才能不忘初心，排除万难，在成长的道路上不断地努力前行，最终拥有更美好且值得期待的未来。

远离"心理许可证"，好少年自控力更强

很多缺乏自控力的人在想要逃避或者放弃的时候，都会情不自禁为自己找到各种各样的借口。而且，他们对于找借口这件事情轻车熟路，手到擒来，根本不需要费尽心思，而是轻而易举就能做到。由此可见，他们已经把找借口变成了习惯，甚至可以在需要的时候条件反射般地做出来，不得不说，这是非常可怕的，因为这会让人把逃避、畏缩和怯懦都变得理所当然。有一种心理现象和找借口很像，不过比找借口隐藏得更深一些，为此常常让人难以觉察，就在不知不觉间被这种心理行为所裹挟，也使得自己陷入进退两难的困境。这种心理现象就是给自己发"心理许可证"，让自己有冠冕堂皇的理由做出决定和选择，也做出某些行为。

给自己颁发"心理许可证",这是非常微妙的心理状态,对于人的自制力水平是高还是低,有着很大的影响。正常情况下,每个人都能凭着自制力当自己的家,做自己的主,让自己在面对很多情况的时候做出理性的选择。但是当在不知不觉的状态下给自己颁发了"心理许可证",就会无形中对自制力进行催眠,让自制力不要再试图控制和操纵我们。如此一来,我们就会失去自制力,让自己变得非常被动且无奈。明智的人一旦觉察到"心理许可证"的存在,就会对自己产生警惕心理,也会更加全力以赴督促自己,而不要给懒惰、拖延等各种负面能量任何可乘之机。

最近,妈妈总是说膝盖疼,为此亚娟带着妈妈去医院检查身体。到了医院,医生还没有对妈妈进行检查呢,就对妈妈说:"以你的身高,一百二十斤的体重是比较标准的,但是现在你的体重肯定超过了一百六十斤,所以你的膝盖疼是必然的。"妈妈长得胖,很忌讳别人说她胖,但是对于医生的话又不好反驳,只好说:"我也想减肥啊,不过我有腰椎间盘突出,还有骶髂关节炎,所以根本不能运动。"医生听到妈妈的话很不满,当即反驳妈妈:"你看,你还很固执,总是有理由。那么我问你,你不能运动,少吃一些总是能做到的吧。"妈妈又说:"我真是胃口特别好,不管吃什么,都吃得很香,吃得很饱。"医生有些生气,对妈妈说:"既然你不愿意运动,也不想少吃,那么未来不止膝盖疼,还会有很多病都找上门来，如心脏不好，血脂高，心脑血管疾病，这不是作死吗？！"看到气氛有些紧张，亚娟赶紧打圆场，问医生："医生，您看看，需要做什么检查，我们先去检查。"医生不满地嘀咕："做什么检查也没用，这么胖，膝盖肯定报废了！"亚娟赶紧拿着医生开的检查单子去缴费，然后带着妈妈去检查。

做了X光检查之后，亚娟让妈妈在楼下等着，然后自己拿着结果去找医生看。医生对亚娟说："膝盖的情况没有想得那么糟糕，不过，还是要控制体重，否则骨头根本承受不了。你妈妈很爱找借口，为自己开脱，你要告诉她减肥的重要性。"亚娟连连点头，拿着医生开的单子去给妈妈拿药了。

在这个事例中，妈妈就是带着"随身辩护律师"，而且还很容易给自己"心理许可证"。很多人之所以管不住自己，就是因为总是轻而易举给自己"心理许可证"，所以导致自控力完全被抹杀，而本能占据上风。从本质上而言，自控力与心理许可的作用力可以相互抵消，所以只有坚持让自控力上岗，赶走心理许可，才能让自己各个方面的行为表现都有所改观。作为青少年，对于自己想好要去做的事情，就要坚定不移做好，哪怕遇到困难也要坚韧不拔，排除万难。

还有一点必须密切注意的是，人在第一次获得"心理许可证"，对自己降低要求之后，接下来对于自己的要求会越来越低，最终就会放纵自己。例如一个女孩很想减肥，第一次看到同学们在吃美味的糕点，忍不住吃了一块，那么接下来她就会越来越忍不住。一个男孩很想远离网络游戏，也戒掉去网吧玩游戏的坏习惯，在坚持一段时间不去网吧玩游戏之后，一旦给了自己一次"心理许可证"，心里虽然告诉自己下不为例，但是未来自控力会越来越差，也会变得更加纵容自己。正是因为如此，很多人想要戒掉某个坏习惯，或者戒掉某种瘾，一旦在戒除一段时间之后忍不住在某些情境下给自己"心理许可证"，则接下来就会更加被动，自控力越来越差。为此，我们要在心中修建一座结实的大坝，这样才能把心理许可阻挡在外面，决不让心理许可趁隙而入我们的心理，给我们捣乱。

青少年在成长的过程中面临的诱惑很多，例如在专心学习的时候想休息玩游戏，在坚持运动和锻炼的时候，想趁着天气不好就中断一天，这些时不时冒出的偷懒念头就像是在我们心中疯长的野草，让我们时不时地怦然心动，想要给予自己一次休息或者懈怠的机会。作为明智的青少年，千万不要总是放松对于自己的要求，更不要以"下不为例"为借口让自己得到逃避和退缩的机会。人生如同逆水行舟，不进则退，虽然青少年还没有正式步入社会，也没有开始工作，但是也同样面临激烈的竞争。如果总是这样任由自己懈怠和放弃，则未来就会失去前进和向上的动力。当畏缩变成糟糕的行为习惯，给成长带来的负面影响则不可估量。为此青少年一定要始终坚持努力进取，养成积极向上、绝不服输的好习惯，才能以顽强的精神督促自己努力前进，无所畏惧，也在人生的道路上始终保持进步的姿态，距离梦想中的成功越来越近。

安逸的舒适区不利于少年增强自控力

从心理学的角度而言，每个人的心里都有一个安逸的舒适区，大多数人习惯于躲避在舒适区里，根本不愿意从舒适区里走出来，更不愿意逼着自己适应和融入陌生的环境中。如今，大多数孩子都是独生子女，即使有兄弟姐妹，也依然会得到父母无微不至的照顾。为此很多孩子习惯了衣来伸手、饭来张口的生活，也习惯了以自我为中心，认为自己的一切需求都会得到他人的满足。殊不知，这样的生活模式只存在于孩子小时候的家庭中，随着不断成长，孩子终究要离开父母身边，融入社会，与更多的人相处。

青少年要想获得更快速的成长和更大的进步，就要从安逸的舒适区中逃离，逼着自己走入社会，经历和体验更多，也获得更加快速的成长。当然，这很难，因为人的本能总是趋利避害，人人都想过得更加轻松惬意，而没有人愿意经历坎坷挫折。尤其是在想到自己要离开熟悉的环境和人，要独自面对陌生的环境，也要和更多的陌生人接触时，人们总是会忍不住生出恐惧感。然而人生如同逆水行舟，不进则退，如果总是采取逃避的态度，什么时候才能真正长大，勇敢面对呢？从成长的角度而言，安逸的舒适区还会消磨人的斗志，使人在成长的过程中渐渐迷失自己，变得越来越颓废沮丧，更不可能鼓起勇气去改变，或者做出决绝的举动。对于每个人而言，改变都是必须的，改变意味着创新，也意味着进步，唯有改变，人生才能始终充满活力，也唯有改变，人生才会勇往直前。

当真正走过从舒适区进入陌生环境的艰难阶段，蓦然回首，青少年会发现自己有了很大的进步，也获得了长足的成长。其实，很多时候困顿我们的不是舒适区，而是我们的内心。当我们拥有强大的自制力，也相信自己可以战胜很多艰难坎坷，那么我们的舒适区范围会更大，因为我们的适应性更强，可以适应更多情况下的艰难生活。反之，当我们的自制力很差，一旦遇到小小的困难就忍不住要退缩，则我们的适应性会变得很差，为此我们会把舒适区缩小到很小的范围内，也因此而把自己囚禁住。举个简单的例子，如果一个人认为自己只能跑步一个小时，那么每次坚持到五十多分钟的时候，他就会开始暗示自己：我马上要到达极限了。反之，如果一个人认为自己的潜能是无穷的，每次都可以突破上一次的极限，从而让自己获得进步，那么他也许每次都能提升一点点，渐渐地就会越来越强大，也可以打破极限，让自己获得质的飞跃。由此可见，自控力的强弱和舒适区的大小是成正比的。

青少年正处于成长的关键时期，不要总是把自己禁锢住，也不要在还没有尝试之前就断言自己肯定不行。只有不断地努力进取，坚持奋斗，也要勇敢地面对困难，激励自己挑战和突破极限，才能让自己成为崭新的自己。

对于一个内心真正强大的人而言，根本不存在所谓的舒适区，他们会勇敢地探索外部世界，也会发自内心地接受外部世界。为此，青少年要给予自己积极的心理暗示，如告诉自己"我可以坚持到底"，而不是一直无意识地提醒自己"我只能跑到一半的路程"，这样一来，才能有效地突破心理极限，让自己变得更加强大和无所畏惧。这也是相信的力量。相信的力量非常强大，能够创造生命的奇迹。

当然，青少年正处于身心发展的关键时期，还没有完全成熟，因而在做很多事情的时候，也要保障自身安全。需要注意的是，这里我们进行相关锻炼的目的只是为了摆脱心理上的舒适区，提升自控力，而不是真的要突破极限。为此在制订目标的时候，要根据实际情况，有的放矢地突破自己，而不要盲目或者不切实际地制订出让自己拼尽全力也无法实现的目标，否则就会伤害自信心，也让自己无形中陷入颓废沮丧的困境。

曾经有一位名人说，每个人能够到达的高度，都在他们认可的范围内。青少年要想攀登上更高的人生巅峰，就摆脱大心理舒适区，让自己的世界变得更加辽阔高远。

不要总是把希望寄托在明天

现实生活中,越来越多的人表现出严重的拖延症状,他们总是把当下该做的事情留着明天去做,也总是找出各种理由和借口为自己开脱。实际上,我们能够把握的只有今天。有人说人生有三天,即昨天、今天和明天。而在这仅有的三天时间里,只有今天才是当下,是每个人都能把握的。所以不要把希望寄托在明天,而是要活在当下。只有把今天过得充实且有意义,我们才能拥有无怨无悔的昨天,也才能拥有值得期待的明天。如果白白错过了今天,则只会导致人生毫无意义,也没有希望可言。

正是因为人们总是把希望寄托在明天,让明天承受了过重的压力和负担,所以才导致当明天变成今天的时候,我们总是觉得今天的时间远远不够用,也总是觉得今天非常疲惫,并非自己最佳的状态。俗话说,今日事今日毕,人人都要养成完成每一天任务的好习惯,这样才能避免无限拖延,也才能摆脱对于明天的无限度依赖。毫无疑问,如果今天只是为明天做计划,那么人生中即使有再好的想法和计划,也都会变得毫无意义,而根本不可能得以实现。

大文豪鲁迅先生说,时间就像海绵里的水,挤一挤总还是有的。我们为何不扪心自问,我们的今天真的被所有的事情都安排满了吗?我们的今天真的再也挤不出来时间了吗?当然不是。只要我们愿意制订计划,把今天的所有事情都按照轻重缓急去排列顺序，只要我们总是能够合理利用和珍惜时间，我们就会拥有更多的时间。大多数被拖延症困扰的人，从未拥有过充实的生活，他们只是把时间用错了地方，才导致拖延症变得越来越严重。很多时候，人们即使采取科学的方法管理时间，也难以完全摆脱拖延症。这又是为什么呢？是因为拖延已经成为一种恶习，也是因为人们总是习惯性地依赖明天。

仅从表面来看，那些把希望寄托在明天的人今天也许已经安排满了，实际上从深层次的心理进行探究，就会发现当一个人把希望寄托在明天的时候，往往心中已经对今天产生了放弃的态度。如在周末，青少年原本可以利用周五晚上和周六的时间，完成所有的作业，但是在周六下午三点钟，他们写完作文，情不自禁陷入懈怠的状态。虽然只需要再花费两个小时就能完成所有作业，但是他们却对自己说："今天已经写了很多，要不把仅剩的作业留到明天完成吧。"产生这样的想法之后，他们在今天剩余的时间里就完全把完成作业的事情抛之脑后，从而暂时放松地玩耍。然而，到了周日，他们又开始懊悔自己为何没有在周六的时候一鼓作气把作业完成，一想到要完成作业，他们就觉得很痛苦，原计划在周日上午完成作业，因为起床晚了，拖延到下午。下午，家里又来小伙伴了，为此又把时间拖延到晚上。最终，等到很晚，他们才极其不情愿地完成作业，不但速度很慢，而且质量低下。如果周六能够一鼓作气完成作业，整个周日全心全意玩耍，这该是多么惬意的事情啊。遗憾的是，不仅青少年，很多人都有严重的拖延症，似乎那些该做的事情只要到了明天，就能自动完成一样。

为了督促人们珍惜时间，曾经有人提倡要把每一天都当成生命中的最后一天来度过。这样一来，就不存在所谓的明天，我们只能活在当下。的确，生命是无常的，谁也不知道自己的生命将会在何时结束，既然如此，就要努力活好每一天，避免给自己留下遗憾。当然，在这么想的过程中，要避免给自己心理上的借口，例如，告诉自己不可能在明天就死去，告诉自己这只是个假想而已。没有人知道明天和意外到底哪个先来，然而努力过好当下的每一天，这都是最佳的选择。如果觉得这样假想的方式有自欺欺人的嫌疑，而且不会起到很好的效果，那么还可以采取制约机制的方式来约束和管理自己。例如，告诉自己"如果今天不能完成这项工作任务，明天就不许吃甜品""如果不能把所有的作业在今天写完，那么今天和明天都不能玩游戏"。这样的制约会对青少年产生更切实有效的约束力，也会督促青少年真正全力以赴做好该做的事情。

当然，如果自身监督力量不够，还可以请求得到外部的监督和督促，这样一来全方位监控，自然会起到更好的作用和效果。在心理学上，有一个原理，大概意思是说一件事情如果只有自己知道，则做到的可能性大大降低，而如果有很多人都知道，则对于自身的约束力就会大大增强，成功的可能性也会更高。青少年原本自控力就不是很强，所以要更加有的放矢激励和管理自己，增强自控力，这样才能变得更加强大。

不接受结果，少年应该怎么做

喜爱篮球的人都知道勒布朗的大名，这是因为勒布朗是NBA历史上为数不多的发展全面的篮球运动员。在篮球上，他不管处在哪个位置上都是好样的。在2012年的球赛中，他还率领球队创造了很好的成绩。正是这样一颗璀璨的篮球巨星，童年的成长却并不顺利。勒布朗是在单亲家庭中长大，从来不知道自己的父亲是谁，始终与母亲相依为命。他们住在秩序混乱的贫民窟，周围的环境非常糟糕，勒布朗甚至一度想要走上歧途，只为了以捷径帮助母亲减轻生活的重担。然而，他很崇拜乔丹，最大的梦想就是和乔丹一样成为篮球运动员。机缘巧合，他得到一位退役篮球运动员的教导和鼓励，立志要付出比别人更多的努力，从而改变命运，离开糟糕的贫民窟。正是怀着这样的理想和志气，勒布朗始终坚持勤奋练习，每当想要放弃的时候，就想一想自己伟大的理想，发誓不再回到贫民窟。这样想来，他很清楚自己只有更加努力，绝不懈怠，才能改变和驾驭命运。

勒布朗的篮球水平越来越高，他不满足于始终在一个固定的位置上，为此开始尝试着练习各个位置上的技术。每当训练出现问题，或者遭遇失败，他就觉得自己很快就会回到贫民窟里糟糕的生活，为此就变得更加充满力量。

　　从勒布朗的经历上我们不难看出，他之所以能够始终坚持向前，是因为他不愿意回到贫民窟里过童年时期糟糕的生活。既然有坚决不能接受的结果，他就只能尽量去避免这个结果出现，那么唯一的选择就是努力，努力，再努力。对于勒布朗而言，在贫民窟里的成长经历是他人生中再也不想重复的噩梦，为此也就成为他的制约机制，会触动他最为敏感和坚强的心灵地带。

　　通常情况下，对于美好未来的憧憬和期望，并不刺激人们发挥出强大的力量。而那些如同梦魇一般有可能发生的糟糕结果，才会让人们极力去避免发生。为此，在糟糕结果的刺激下，人们会更加全力以赴、坚持不懈地努力，也会更加有的放矢付出时间和精力，让自己获得理想的收获。人们常说要防患于未然，除了要提前做好最坏的准备，迎接糟糕的结果出现之外，其实也是为了起到警醒的作用。毕竟生命的时光是非常短暂的，宝贵的青春年华转瞬即逝，我们一定要抓住最佳的少年时光努力学习，提升和完善自己，而不要等到有朝一日年纪大了，也没有那么多的时间和精力投入学习，再懊悔自己曾经的不努力和不用功。世界上有各种各样的药卖，却唯独没有卖后悔药的，是因为时光从来不会倒流。此时此刻，青少年朋友们，你不妨放下手里正在做的事情，专注地思考一下，如果不努力，不坚持完成既定的计划，将会出现怎样糟糕的结果，而你又是否有能力去承受最糟糕的结果。根据你给自己的回答，再去合理地制订目标，调整计划，展开行动吧！

明智的少年再也不会找借口

很多青少年都喜欢找借口，尤其是在做事情不顺利或者遭遇坎坷挫折的时候，他们总是想要以各种各样的借口为自己开脱，目的就在于他们不想承担责任，不想被责怪，也不想被否定。然而，找借口能帮助青少年们获得进步和成长吗？答案是不能。任何时候，借口只会让人更加轻而易举地逃避，而不能激励人们真正获得进步和成长。只有想明白这个道理，青少年才会有的放矢激励自己远离借口，从而勇敢地面对，承担起责任，让自己变得更加坚强。

一旦找借口成为习惯，人的潜意识里就总是想要逃避。毫无疑问，逃避符合人们对于未来的预期，是因为人的本能就是趋利避害，人人都想通过逃避来摆脱责任、抱怨、纠缠等各种负面的情绪和行为。只要逃避成功，就可以让自己远离责任，变得非常轻松。作为青少年，人生之中难免会面对各种坎坷挫折，成长的过程更不可能始终一帆风顺。一定要让自己变得勇敢坚强，这样才能激励自己始终努力向前，无所畏惧。从心理学的角度而言，借口有的时候也是一种限制和禁锢，更是会在不知不觉间变成糟糕的心理定势和行为习惯。既然如此，就不要总是给自己找借口的机会，而是要反其道而行，战胜本能，从而才能让自己有的放矢控制自己，驾驭人生，也在各种糟糕和艰难的处境中，激发自身的所有力量，成功地主宰命运。

很多马戏团里都有大象，因为大象很聪明，会进行各种花样的表演，而且大象还有个长鼻子，可以吸水再喷射出来，就像喷泉一样，会给观众们带来很多的欢笑。然而，如果你曾经有机会看到马戏团的后台，就会知道那么强壮的大象，可以用鼻子卷起沉重的木材，但是却只要用一根很普通的绳子拴住，它就会老老实实地待在原地，而不会逃跑，这是为什么呢？

一根绳子连接着大象和木桩，如果仅从力气地角度来说，当然是无法控制住大象的。但是，大象就那样乖乖地站在那里，绝不会离开，更不曾试图挣脱，是因为大象在还是小象的时候，就这样被绳子拴住。一开始，小象当然会试图挣脱，也会很努力地想要逃跑，在尝试几次之后，它们意识到仅凭自己的力气无法逃脱，最终虽然不断地成长，力气越来越大，但是它们却已经认命，所以根本不会试图挣脱绳子。这就是为何绳子能够拴住大象的原因。

对于我们而言，那些随口而出或者绞尽脑汁才想出来为自己开脱的借口，何尝不像是一根绳索把我们牢牢地捆绑和束缚住呢！一次两次尝试失败，就让我们陷入了失败的怪圈，使我们坚定不移地相信自己不管多么努力都不可能获得成功，为此也就彻底放弃了尝试，也彻底放弃了很多的机会。这样一来，当然会导致我们被借口的绳索捆绑住，也会导致我们被命运玩弄于股掌，而丝毫不敢突破和挑战自我，也从来不敢尝试去获得成功。

在学习的过程中，你是否曾经告诉自己"今天有点儿头晕，就不去上课了"；在坚持运动的过程中，你是否曾经告诉自己"今天天气不太好，有雾，也许是雾霾，就不要坚持锻炼了"；在坚持减肥的过程中，面对美食的诱惑，你是否会告诉自己"这些食物简直太美味了，不享用对不起自己，我还是先吃完了才有力气减肥"……各种各样的借口层出不穷，不仅青少年善于找借口，很多成年人也因为自控力很差，而变成了最擅长找借口的人。例如，整天盯着手机看是为了工作；没有时间陪伴老人孩子，是为了多挣钱给他们提供更好的生活；考试没考好，是因为前一天晚上过度紧张而失眠了……不得不说，当一个人始终活在借口里，只会导致自控力越来越差，也会养成坏习惯，在面对任何事情的时候都会找借口，最终使得自己虽然非常忙碌和努力，却一事无成。不要抱怨自己没有变成理想中的样子，就是因为我们从未真正面对过问题，而始终活在自欺欺人的借口里。只有把借口的绳索彻底从生活中清除出去，我们才能挣脱内心的束缚，也才能全力以赴创造精彩充实的人生。

要想改掉找借口的坏习惯，要做到以下几点。首先，遇到问题不要逃避，遇到责任不要推卸，而是要正面面对问题，主动承担责任，这样才能逼着自己挺起脊梁，肩负起重任。尤其是青少年，在成长的过程中难免会犯各种各样的错误，其实犯错完全是正常的，最重要的不是懊丧，而是激励自己在犯错之后及时总结经验和教训，让自己能够踩着错误的阶梯不断前进。这样的错误才是有价值的，对于我们的成长也是有积极意义的。

其次，一旦给自己找到借口逃避责任，虽然获得了暂时的轻松，却要接受更加严厉的惩罚。例如，今天因为找借口没有完成既定的作业任务，那么次日不但要把既定任务完成，还要做次日的作业，要做更多的作业，作为对自己的惩罚和警戒。每个人都要对自己的错误负责，青少年也不例外，逃避本身也是一种错误，为此青少年必须加倍偿还，让自己感受到更沉重的压力。唯有如此，才能鞭策和激励自己再次面对任务的时候，能够更加积极主动，而不要被动。

最后，不管是在心里想，还是用嘴巴说，都要减少"但是"的使用频率。大多数人在为自己辩解的时候，也许一开始会在形式上承认错误，紧接着就会以"但是"作为转折，为自己摆脱责任。承认错误就是承认错误，不要说"但是"，否则总是带着一些心不甘情不愿也压根不想真心承认错误的意味。如果我们因为自己的错误给他人带来了伤害，导致他人蒙受损失，我们最应该做的就是诚恳地道歉，而不要过多地解释原因，否则就有为自己辩解的嫌疑。要想得到他人的谅解和宽容，真心诚意地道歉至关重要。任何时候，人生都没有回头路可走，更没有后悔药可吃，青少年要真正变得强大，就要勇敢地面对错误，承担责任，这样才是真正坚强和内心强大的表现。

第 09 章

思维自控力：掌控思想，才是掌控蓬勃生命的本身

很多时候，我们以为自己已经足够强大，却在遇到很多重要问题的时候突然崩溃，再也没有任何力量可以激发和使用。这是因为我们还没有强大的自控力，还不能做到掌控自己的思维。常言道，心若改变，世界也随之改变，正是告诉我们一个人唯有掌控思想，才能真正地掌控生命，也才能做到主宰和驾驭自己，活成自己想要的模样。

心态积极的少年，关注希望和梦想

不可否认，在这个世界上，从未有任何人能够拥有一帆风顺的人生，一个人不管怎么做，不管多么努力，都难免会在成长的过程中遇到困难，也难免会距离自己想要实现的目标越来越远。你可以把这理解为是命运在和你开玩笑，也可以把这理解为是命运对你的考验。不要觉得你的想法无关紧要，因为往往你怎么想，你就会怎么对待这些艰难坎坷。

一个人如果只想爬到小土堆上，自然无需付出太多的努力，也不会因此而吃足苦头。一个人如果想要到达泰山之巅，那么就要付出很大的努力，甚至还会在登山的过程中不小心摔倒受伤。由此可见，你的目标越是远大，你实现目标将会遇到的困难和障碍也就会越大，反之，你的目标越小，你实现目标也就会更容易。如果不费吹灰之力就能实现远大的目标，相信人人都会有鸿鹄之志，但是一想到在实现目标的过程中会吃足苦头，人们难免会感到畏惧，也会情不自禁地退缩。然而，不管我们采取怎样的态度面对人生和未来，那些困难都是始终存在的，与其一味地逃避，还不如激励自己鼓起信心和勇气，勇敢面对。因为困难不会自己消失，那么我们唯一战胜困难的方式就是直接面对，全力以赴争取征服困难。

虽然我们无法消除困难，却可以调整心态，端正态度，让自己的心中充满了希望和梦想，这样一来，才能全力以赴战胜坎坷和厄运，让自己在一次又一次冲锋的过程中变得勇敢起来，也变得更加强大。在此过程中，我们也许会感到胆怯，但是我们必须以强大的自控力始终激励自己勇往直前，持续地战胜难题。很多朋友都喜欢看美国大片，尤其喜欢看那些好莱坞硬汉的表演。其实，这些硬汉都有显著的共同特征，那就是绝不轻易认输，更不会缴械投降。

我们的意识就像是一面凹凸不平的镜子，总是会自动地聚焦。在这种情况下，要想避免内心被恐惧、胆怯等占据，我们就要学会调焦，学会把焦点集中在积极和向上的方面。举个简单的例子来说，作为一个初学的作家，你最近正在尝试着写作，但是你在开始写了几千字之后，就不知道如何继续写下去了。为此，你一遍又一遍地问自己："我为什么不知道接下来怎么写呢？"你反复这么想着，你的思想集中在"不知道接下来怎么写"，在潜意识的作用下，你越来越无法找到问题的解决之道。如果能够改变思路，让焦点聚集在积极的思路上："我一定能写下去，只是需要寻求帮助，或者给自己几天时间来认真思考，激发灵感。"这么想着，你会充满自信，也会想方设法寻求解决问题的办法。可想而知，这样截然不同的两种思考方法，会把你引向截然不同的两个方面，也会让你在面对问题的时候变得更有力量。

很多人都会情不自禁问自己很多问题，与其试图寻找"为什么"的答案，不如调整思路，改为寻找"我应该怎么做"，这才是积极的态度和解决问题的根本之道。对于人生中各种各样的境遇充满质疑不是一个好办法，与其一味地陷入思维的死胡同之中无法自拔，不如调整意识的焦点，让自己更加积极。我怎样才能快乐？我怎样才能取得进步？我怎样在这次比赛中获胜？我怎样让自己的歌声更加动人？我怎样才能把产品推销给客户……这一连串的问题如果都得到解决，你就会成为真正的强者，也成功地做到驾驭自己的人生，绽放独属于自己的魅力，发挥自己内心无比强大的力量。

身心合一，让少年的自控力更强大

曾经有个记者采访三个正在砌墙的泥瓦匠，问他们："你们在做什么？"第一个泥瓦匠说："我在砌墙，这是世界上最辛苦的工作，却只能赚取最微薄的报酬。"第二个泥瓦匠回答："我在打工，我做的工作很枯燥乏味，而且十分危险。我想，我很快会换一份新工作。"第三泥瓦匠回答："我在建造这座美丽的城市，很快这里就会变成一座摩天大楼，成为这座城市的标志物。我为自己可以参与其中感到自豪。"几年的时间过去，记者跟踪调查这三个泥瓦匠的现状。第一个泥瓦匠还在愁眉苦脸地砌墙，看起来苍老了很多；第二个泥瓦匠正在一家饭馆里端盘子，他说这是他离开建筑工地之后的第六份工作；第三个泥瓦匠已经成为一名设计师，参与设计了很多重要的工程。为何三个泥瓦匠起点相同，但是才过去几年的时间，发展就截然不同呢？是因为第一个泥瓦匠对工作满心抱怨，只是为了养家糊口才不得已干着这份工作。第二个泥瓦匠对工作根本不满意，恨不得马上逃离这份工作。第三个泥瓦匠虽然干着辛苦的活儿，但是内心充满希望。他既不抱怨，也不绝望，而是始终坚信自己能够成为美丽城市的创造者。怀着这样的热情和激情，他当然会有不一样的人生和发展。

现实生活中，有多少人对现状不满，过着身心分离的生活。他们心里对于自己的现状有各种厌倦，但是为了生活，他们不得不一边抱怨一边做着不喜欢的工作。可想而知，在这样的状态下，他们哪怕真的付出了，也不会有收获，只是在徒然浪费宝贵的时间和生命而已。不管做任何事情，哪怕是不起眼的工作，也要全身心投入，才能真正主宰和驾驭自己，也才能在努力之后获得收获，获得成长和进步，获得自己想要的结果。

最初进入美国石油公司工作的时候，洛克菲勒还是个一无是处的年轻人，他没有特别的技能，也没有高学历，为此被安排看守焊接剂。石油公司要密封大量的石油罐盖，必须用焊接剂才能焊接严密。其实，这项工作丝毫没有技术含量，就算是个孩子，也能看出来是否已经焊接好。为此，才干了几天，洛克菲勒就动摇了，他不想继续从事这份毫无前途的工作，一心一意只想换一份工作。然而，工作不是那么好找的，洛克菲勒在没有找到新工作之前不敢辞职，只好骑驴找马。他实在太无聊了，因而盯着焊接剂滴落，发现每次需要三十九滴焊接剂才能把一个罐子焊接好。他灵机一动：能否节约焊接剂呢？每天要焊接那么多石油罐，哪怕一个罐子只能节省两滴焊接剂，成年累月下来也会节约很多成本呢！

经过一番认真细致的研究，洛克菲勒先是把焊接剂减少到三十七滴，后来发现三十七滴焊接剂无法把罐子焊接好，为此他继续进行改造，最终研制出只需要三十八滴焊接剂就能把罐子封闭严实的焊接机。这种新型的焊接机每焊接一个罐子，就能节省一滴焊接剂，也能保证把罐子焊接严密。为此，石油公司每年都能节省大量的成本，也就多出了大量的利润。最终，洛克菲勒成为美国大名鼎鼎的石油大王，创造了举世瞩目的石油帝国。

洛克菲勒很幸运，在研究石油焊接剂的过程中，从讨厌这份工作，到发现这份工作中的崭新契机，再到深入研究这份工作，最终成功地发明了新型焊接机。正是从这个过程中，洛克菲勒学会了更加用心地工作与做事情，成功地主宰和驾驭自己的思想，让自己在人生道路上有更加出色的表现。

　　活在这个世界上，每个人都很艰难，我们无法改变外部世界和他人，却能够驾驭自己，主宰自己的思想和意识。面对工作，与其在抱怨声中心不甘情不愿地当一天和尚撞一天钟，还不如调整好自己的心态，积极努力地对待工作，争取把工作做得更好。面对生活，与其有各种不满意，导致自己的内心常常失落，与身边的人相处也不愉快，不如敞开心扉，以真诚的姿态拥抱生活，也让自己更加幸福与快乐。任何时候，都不要让自己身心不合，只有让心和身体在一起，才能在做很多事情的时候真正做到用心努力，也能够做出让人仰慕的成就，获得他人的认可和欣赏。记住，只有掌控自己的人，才能真正地征服世界。

面对人生，少年才能掌握主动权

　　生活中，我们总是会遇到各种各样艰难的情况。每当困难横亘在面前，被各种难题阻碍的时候，我们情不自禁就会产生畏惧和退缩的想法，甚至止步不前。有的时候，看到我们非常艰难，身边的人也会安慰我们："先放下吧，等一段时间也许问题就能迎刃而解。"那些关心我们的人还会担心我们会过于紧张和焦虑，为此劝说我们："你已经尽力了，结果如何不是你的错。"当然，这些人安慰我们都是出于好心，也是为了我们好，但是这些话却会对我们起到糟糕的影响，导致我们在精神和感情上更加沉重。听到这些善解人意的话，我们常常会忍不住告诉自己："他们嘴上虽然这么说，实际上是希望我能做得更好。我不能辜负他们的期望，我要让他们感到满意。"在这个想法的驱使下，我们渐渐地迷失了自己，也失去了控制自身行为的能力，只想让自己活成别人期待的样子。

很多人都没有想清楚一个问题：我们到底为谁而活着？为了家人、朋友还是那些无关的人呢？如果不是，为何哪怕是无关的人几句漫不经心的评价，就会让我们的心情起伏不定，也会让我们的行为不再受到自己的控制。在我们的身体里，只能有一种思想成为主人，这种思想就是我们自己的思想，就是我们身体和心灵唯一的主人。为此，不要再把他人的期待看得那么重要，每个人穷尽一生都在回家的路上，都要以找到自己作为毕生的目标。我们必须坚定思想，拥有主见，避免成为别人思想的傀儡。只有真正地主宰和驾驭人生，我们才会真正激发出内心的潜能，也才能发挥自身的力量，成就伟大的人生。任何时候，都要牢记主动才能赢得人生，才能驾驭命运，而不要因为任何原因就放弃主动权，让自己变得非常被动和无奈。很多时候，好机会千载难逢，转瞬即逝，我们必须做好准备，在最重要的时刻里当机立断做决定，全力以赴抓住机会，把握机会。

第09章 思维自控力：掌控思想，才是掌控蓬勃生命的本身

一个一如往常的午后，太阳是那么温暖，阳光照射在床上，薇薇安和往常一样在运动结束后准备午休。然而，她在进行了半个小时的午休准备起床的时候，突然发现自己的右半身无法动弹了。这让薇薇安非常恐慌，她不得不勉强用左手拿起手机，拨打了急救电话。120很快赶来，风驰电掣般载着薇薇安赶往医院。在医院里，医生初步诊断薇薇安中风了。这简直如同晴天霹雳，经过更加仔细的检查，医生说是薇薇安身体里其他部位的一个血液凝块移动之后，卡到了薇薇安的喉咙右侧。所以，薇薇安既不能移动右半身，又不能说话。薇薇安非常困扰，不知道自己接下来如何生活。

很多亲友都安慰薇薇安，让薇薇安庆幸自己还活着，其实对于平日里已经风驰电掣习惯了的薇薇安而言，这比死了更加难受。

薇薇安不止一次和医生探讨运动的问题，医生告诉薇薇安："因为血栓是移动形成的，所以不需要手术，而是要靠着药物溶解。至于能否运动，其实主动权在你的手中，因为坚持运动练习是快速恢复肢体正常机能的方法之一。"薇薇安开始投入运动练习之中，她面临着很大的难度，此前对于她而言轻而易举就能做到的很多事情，现在必须像年幼的孩子一样去努力尝试和学习。但是薇薇安没有放弃，而是一日既往地努力练习。结果，八个月之后，薇薇安的肢体功能恢复了百分之九十八，这已经是平常意义上的完全康复了。

众所周知，中风对于身体机能的损伤是非常严重的，很多人一旦中风，就会留下终生的后遗症，而薇薇安之所以能够恢复健康，战胜疾病，与她顽强不屈的精神和积极主动的人生态度是密不可分的。

一个人可以贫穷，也可以一无所有，但是一定要有强大的自控力，这样才能在很多时候都激励自己努力振奋，把每一件事情都竭尽所能做到更好。相反，一个没有自控力的人，常常在面对失败时一蹶不振，在面对难题时落荒而逃，缴械投降。如果我们都像薇薇安一样具有顽强的精神和绝不屈服的毅力，则我们也会让平凡的人生绽放出不平凡的光彩和魅力。

具体而言，首先，我们要有坚定不移的想法，要坚持做自己，而不要总是在他人对我们有任何评价，或者试图对我们施加影响的时候，就产生动摇，甚至对于自己原本很坚持的想法也马上转为怀疑的态度。其次，当他人说出会让你心烦意乱的话时，如果你没有足够强大的动力保持内心的坚持，就可以选择让他人闭嘴，或者礼貌客气地告诉他们你暂时不需要他们的帮助，或者索性直截了当告诉他们这样做只会让一切变得更加糟糕。当然，坚定做自己，并不是一件容易的事情，因为每个人都生活在人群之中，难免会受到各种人和外部因素的影响。为此，要想让别人噤声不是一件容易的事情，最好能够以事实为自己证明，告诉他人你的选择和坚持是正确的，这样才会起到最佳的作用和效果。

朋友们，你们准备好驾驭和主宰自己的人生了吗？唯有全力以赴做好自己，我们才是值得自己骄傲的，也才是真正能够得到他人点赞的！

不恐惧的少年，拥有更从容的人生

有心理学专家曾经提出，恐惧是人类的上古情绪。这就意味着，人类有史以来就会感到恐惧，也会因为各种原因而让自己感到深深的害怕。实际上，恐惧是一种本能，人人都会感受到恐惧这种情绪，导致恐惧产生的原因虽然不同，但是每个人对于恐惧的感受却是相同的。

很多人一旦感受到恐惧的情绪，就会觉得自己走入了一条死胡同，必须马上掉头才能走出这个死胡同，但是由此也就放弃了一条原本可行的路。为何要让恐惧把自己的路堵死呢？从本质上而言，真正让我们感到可怕的不是我们恐惧的那些东西，而是恐惧本身。如果不能消除恐惧对于我们的影响，那么我们在做很多事情的时候，恐惧都会变成拦路虎，都会挡住我们的去路，这当然是很糟糕的。鲁迅先生说，这个世界上本没有路，走的人多了也便成了路。如果我们面对人生的很多道路或者无路可走的地方都感到恐惧，那么就意味着我们可走的路很少。由此可见，能够主宰自己的思维，掌控自己的思考能力，真正战胜恐惧，我们的人生才会更加从容，我们的未来也才值得期待。

很多人都害怕当众说话，说来可能大家都不相信，就算是那些大明星、大歌星，当出现在公众面前需要发言的时候，也会感到紧张。有些歌星开演唱会的时候担心忘词，只好把歌词写在手掌心里。也许有些人会说："他们本来就是公众人物，习惯了在聚光灯下生活，还有什么好恐惧的。"然而，就算是习惯了在聚光灯下生活的公众人物，也会担心自己因为紧张而说错话，或者忘记什么，甚至会害怕自己因为恐惧而怯场，破坏公众人物的形象。恐惧产生的原因多种多样，有的时候是因为压力，有的时候是因为对于自身不够了解或者缺乏信心，有的时候也是因为外界的舆论力量等因素的影响。但是，不管因为何种原因，压力和恐惧的产生都是正常的，是情有可原的，也是可以被接受和谅解的。

当一个人处于深深的恐惧中，他们就会心烦意乱，失去理性思考的能力，甚至还会导致自控力严重下降。举个最简单的例子，有些士兵在战场上面对血肉横飞、战火连天的情形，因为恐惧往往会无法自控地畏缩逃避，甚至成为不折不扣的逃兵。这就是恐惧水平过高，或者可以说他们承受恐惧的能力太差。

心理学家对人们的恐惧进行了深入的研究，发现大多数人所恐惧的事情都并不真实存在，而是幻想出来的。如孩子怕黑，不是因为黑暗让他们感到害怕，而是因为他们害怕黑暗里藏匿着不知名的怪物或者是未知的事物。成人害怕不能顺利完成工作任务，是因为他们忍不住幻想一旦自己把工作搞砸了，就会被上司批评和否定，甚至会影响正常的升职加薪。这些想象出来的各种糟糕情况，让人们的恐惧变得更加严重。

　　要想战胜恐惧，拥有对思维的自控力，首先，我们要识别恐惧这种上古情绪，不要一旦感受到恐惧就会非常害怕，或者先对着恐惧缴械投降，做出失去理性的各种决策。其次，采取心理学意义上的脱敏疗法，越是对于某个事物感到害怕，越是要强迫自己必须接受和面对这种事物，逼着自己战胜对于这种事物的恐惧。再次，要建立信心，相信自己是非常强大的，可以处理好很多糟糕的情况，这样一来就不会陷入无端的担忧之中，也不会因为恐惧而让自己迷失和慌乱。最后，当最坏的情况发生，恐惧并不能帮助我们顺利地逃脱现实，为此何不把自己想象成已经面对着悬崖，根本无路可退呢！就像人们常说的，横竖都是一死，那么不如死得其所，死得壮烈。在先秦时期，无数的百姓揭竿起义反对秦王的残暴统治，就是因为他们很清楚，就算不反抗，也只能是死路一条。那么与其被秦王处死，还不如竭尽全力去推翻秦王的统治，这样一来如果成功，就获得了生机。面对恐惧，如果我们也有这种决绝的精神，我们就会破釜沉舟，背水一战，而不会有那么多的顾虑，也不会让自己迟疑不定，畏缩不前。

坚定不移奔向你想要的目标

在这个世界上，有的人能够得到成功的青睐，而有的人却常常被失败纠缠，这是因为成功者具有很强的天赋，而失败者一无是处吗？当然不是。成功者之所以成功，是因为成功者有坚韧不拔的精神，哪怕遭遇命运坎坷，哪怕遭遇失败的打击，都始终坚持不懈，勇往直前，不到最后绝不放弃。而失败者呢？明明知道只要熬过山穷水尽疑无路，就能到达柳暗花明又一村，但是他们没有决心和毅力，也常常胆怯和畏缩。更有些失败者一旦遇到困难，就会马上把自己的伟大志向和梦想抛之脑后，为此他们在困难面前缴械投降，一溃千里。

成功者和失败者为何面对失败的态度如此截然不同呢？是因为成功者始终牢记自己的目标，也能够为了实现目标排除万难。而失败者却总是轻而易举地遗忘自己的目标，结果迷失在奋斗的道路上，迷失在失败面前，也迷失在如同迷宫一样弯弯绕绕的人生弯路中。

要想在人生中拥有自控力，就一定要牢记目标，坚定不移地奔着目标前行。目标是人生的领航灯，要想在人生之中始终保持正确的轨迹，我们就要牢记目标。就像在漫无边际的大海上航行，如果没有领航灯的指引，如果没有指南针和罗盘，则很容易迷失在海面上。人生也是同样的道理，所以任何时候，我们都要坚定不移奔着目标前行。古人云，失之毫厘，谬以千里，意思是说很多时候小小的误差就会导致结果的截然不同。因而在展开行动奔向目标的过程中，我们要以目标作为指引保证所有的行为都围绕实现目标展开。即便如此，因为受到很多因素的综合作用和影响，我们还是会遗憾地发现结果不尽如人意。那么，到底哪里出问题了呢？这就是自控力的细微变化导致的自律力降低，为此使得我们无法始终保持同样的高效率完成工作，实现计划。

在做各种事情的过程中，很多人都会陷入一个误区，即认为只要努力就会有结果，只要认真就能实现目标。这样的绝对想法使得人们面对不如意的结果很难接受，也会采取调整计划的方式期望能够获得理想的结果。其实，这只是一种美好的误解而已。古人云，天时地利人和，由此可见成功需要很多方面的综合作用才能获得，而在现代社会，成功的因素更为复杂和烦琐。你听说过蝴蝶效应吗？意思是在大洋彼岸的蝴蝶扇动翅膀，会导致大洋对岸刮起龙卷风。听起来，这简直让人难以置信，但是经过科学的推断，这是完全有可能实现的。既然如此，我们在实现目标的过程中更是要慎重行动，才能避免行为的偏差，也才能避免结果的巨大差异。

作为总经理助理，凯特对于自己能够得到这份工作非常荣幸，为此她对待工作很认真，也竭尽所能把每一件事情都做到最好。然而，凯特却有个很不好的习惯，那就是拖延。有一次，总经理让凯特用三天的时间准备一份文件，结果三天的时间过去，凯特的文件才刚刚开始着手准备，这让总经理很生气。在接下来的三天里，总经理一直在催促凯特，凯特好不容易才赶在又一个三天即将结束的傍晚把文件交给了总经理。这次事情，总经理很生气，原本想要辞退凯特，看到凯特的工作质量还不错，总经理才算消气，决定再给凯特机会好好表现，又千叮咛万嘱咐让凯特以后再也不要犯同样的错误。

后来，总经理又交代凯特用三天的时间完成一项工作任务。这一次，凯特果然没有再拖延，而是在第三天下班前就完成了工作。但是，凯特虽然工作效率提高了，工作的质量却非常糟糕。看着错别字百出、各种漏洞的工作报告，总经理气愤不已，这次坚决要让凯特说明原因。凯特说："经理，这次我是下定决心要按时完成工作的。不过第一天和第二天因为有其他工作需要处理，我又想着这次工作任务不重，还有第三天可以完成。没想到，到了今天，上午突然有一些意外情况需要我去处理，耽误了时间，所以我只用了一个下午就急急忙忙完成了工作，来给您交差。"总经理啼笑皆非："凯特，我给你三天的时间完成工作，不是让你只用一个下午的时间来敷衍了事的。你这种工作态度，这么拖延，一而再地犯同一个错误，我真的没有办法继续用你。你可以去办公室当一名行政文员，不过如果再犯这种错误就会失去这份工作，我保证。你明白我的意思了吗？"凯特满脸羞愧地点点头。凯特转身离开，总经理似乎想起什么，对凯特说："对了，试试制订目标的方法吧，可以帮助你戒掉拖延症，提升工作效率！"

在总经理的建议下，凯特积极地学习了制订工作目标和计划的方法。成为文员后，她不管接到什么工作任务，都会先进行这两个步骤的准备工作。渐渐地，凯特终于可以做到在目标的指引下按部就班完成工作任务，再也不会拖延，也不会等到事到临头再敷衍了事。几年之后，她凭着雷厉风行的作风，晋升为办公室主任，成为总经理的好帮手。

要想拥有强大的自控力，就一定要有目标。只有目标明确，思路才能清晰，也只有在正确思路的指引下，才能尽量减少行为偏差，保证结果的呈现。改变，要从当下开始。切勿在意识到问题的所在之后，依然对于问题的解决浑浑噩噩，或者无限拖延下去。

不放弃，才是青少年强大的态度

生活中，有太多的时候我们要面对各种挑战、挫折和磨难，坚持固然重要，可是放弃的态度在残酷的现实面前常常探头探脑，让我们觉得内心失去了定力，对于未来也常常会感到迷惘和困惑。正如有人说过的，人生不但需要得到，也需要学会放弃，只有懂得舍得之道，人生才能从容。的确，适时地放弃让我们的内心更加平静，而不能坚持则让我们失去很多的机会和可能性。归根结底，不放弃才是人生该有的态度，也才是我们面对人生排除万难、勇攀高峰的希望和力量所在。

常言道，努力了总会有收获，但是收获未必都以我们想要的方式出现。有的时候，收获不是我们期待的结果，而是我们的经验、阅历，甚至是承受挫折的坚强。渐渐地，人们领悟到一个道理，那就是努力了未必有收获。的确如此，但是不努力却一定没有任何收获。明智的你，是选择努力还是选择虚度光阴呢？

宝剑锋从磨砺出，梅花香自苦寒来。如果不经历风雨，怎么可能见到彩虹呢？我们既不要把人生想得到太容易，也不要把人生想得太艰难。当熬过人生的风风雨雨再回头去看，我们会发现很多事情只要坚持去做，并不像想象中那么难。对于那些成功者而言，所有的苦难都是人生炫耀的资本，而所有的坚持都成为生命中最正确且最重要的选择。与此相反，对于那些失败者而言，所有的苦难都变成了人生的泥沼和深渊，使他们一旦陷入其中就再也无力挣脱。

人生，是需要破釜沉舟的。项羽当年之所以能够在巨鹿之战中以少胜多，战胜秦军，就是因为他在渡河之后与秦军决战之前，烧掉了住宿的帐篷，凿穿了过河的船只，砸烂了做饭用的锅灶，而只给每个将士分下去三天的口粮。虽然项羽没有进行慷慨陈词地战前动员，但是看到项羽的举动，每个人都知道这是一场或者胜利或者死亡的战争，而没有任何退路可言。在这样的心态之下，将士们各个如同猛虎下山，以一当十，对秦军发起了九次进攻，最终打败了秦军。如果没有这样破釜沉舟的决心，如果不是项羽以实际行动把"战败"从将士们的心中消除，只怕将士们在看到秦军那么强大和不可战胜之后，就会忍不住想要渡河逃跑，回到家乡。

虽然我们没有面临项羽这样生死存亡的危急时刻，但是也要拥有坚定做好一件事情的决心，这样才能在面对人生的很多困境时，有决断，也有强大的控制力督促自己不断地努力向前，最终获得想要的结果。退一步而言，就算努力之后没有获得想要的结果，也因为尽力了，拼搏了，而无怨无悔。热血的青春就是用来抛洒的，我们不能辜负青春，更不能辜负人生！

我的人生我做主，我型我秀的人生才是酣畅淋漓的，也才是值得每个人骄傲的！从现在开始，就让我们增强自控力，主宰自己的思想和灵魂吧，真正创造出属于我们自己的人生传奇吧！

第 10 章

时间自控力：少年，你的时间比你想象得更有限

时间是组成生命的材料，每个人要想成为生命的主宰，驾驭人生，就必须对于时间有所把控，否则总是任由时间悄然流逝，则生命也会在不知不觉间消失。作为青少年，虽然年纪还小，人生的道路还很长，但是光阴易逝，也许转眼之间就会长大，甚至白发苍苍。古人云，少壮不努力，老大徒伤悲。青少年朋友们，千万不要在该努力的时候选择安逸，而等到青春不在、垂垂老矣的时候，却为生活所迫，得不到安适的晚年。有人说时间过得很快，有人说时间过得很慢，其实归根结底时间就像白驹过隙，往往在我们不经意间消逝，为此一定要把控好时间，才能真正成为生命的主人。

少年朋友，你是真忙还是假忙

现实生活中，经常有些人每天都忙忙碌碌，看起来没有一刻钟是闲着的，就连吃饭和睡觉的时间都不充足。但是，他们在经过忙碌之后来总结自己一个阶段的收获，却发现自己毫无收获，而且也没有距离理想的人生更近一步。这是为什么呢？相反，有些人虽然每天都看似过得清闲，不但早早把作业完成，把工作做完，而且把家庭也管理得井井有条，把每个家庭成员都照顾得很好，但是他们依然有空闲的时间做自己想做的事情，这又是为什么呢？难道是因为前者得到的时间少，而后者得到的时间多吗？当然不是。在这个世界上，对每个人都很公平的只有时间，时间从不因为任何人而多一分，也不因为任何人而少一秒。之所以有的人看起来时间充裕，能够领跑时间，而有的人总是时间不够用，被时间催促着往前赶去，就是因为他们对于时间的管理不同。

不能合理有效安排时间的人，看起来整日忙碌，其实效率很低。而那些能够合理安排和高效利用时间的人，则总是能够实现时间的最大效用，从而提升时间的利用率，在生命之中绽放光彩。人人都想成为时间的主宰，驾驭生命，然而要想做到这一点并不容易。首先，我们要区分清楚自己是真忙还是假忙。如果是真忙，那么恭喜你，你只需要继续努力即可。如果是假忙，那么你就要当机立断审视自己对于时间的安排是否合理有效，又是否实现了时间的最大效用，让时间变成我们人生的宝贵材料，也助力我们获得成功。其次，要想充分利用时间，还要能够摒弃一切浪费时间的事情。很多人之所以时间利用率很低，就是因为他们常常被无关因素干扰，导致时间悄然流逝。例如，一个孩子在写作业的时候，时常会玩一会儿橡皮，或者看一会儿手机，有的时候还会发呆。这样一来，时间悄然流逝，完成作业的速度和质量也就得不到保障。看起来整日忙忙碌碌，实际上却毫无收获，甚至连既定的任务都没有完成，这当然是让人窝火的。

周六，朱莉和妈妈一起去公司加班，得以认识妈妈外籍同事家的孩子马克。马克和朱莉年纪相仿，也因为马克很想学习中文，而朱莉有一定的英文基础，为此他们很快消除陌生感和隔阂感，高兴地玩到一起去了。临别，马克邀请朱莉下个周六去他家里做客，还说他的妈妈做的火鸡腿特别好吃。朱莉在征求妈妈同意后，很高兴地接受了马克的邀请。整整一周，朱莉都在期待着周末赴约。终于到了周五晚上，妈妈提醒朱莉："朱莉，你可以把带给马克和他父母的礼物先收拾好，这样明天早晨的时间会更加充裕。"朱莉尽管盼望着去马克家，却有严重的拖延症，为此对妈妈的提醒不以为然，而是度过了一个无所事事的悠闲夜晚。

次日，朱莉听到闹铃响了还很困倦，又在床上赖了一小会儿才起床。妈妈已经准备好送朱莉出门，朱莉的礼物还没有收拾好呢。看到朱莉手忙脚乱洗漱和收拾礼物，妈妈袖手旁观，并不准备帮朱莉的忙。等到朱莉好不容易收拾好要出门的时候，已经比既定时间晚了半个小时。路上，他们还遭遇了堵车，到达马克家里的时候，朱莉迟到了整整一个小时。朱莉向马克解释自己迟到的原因，马克并没有因此原谅朱莉，而是很生气地说："你浪费了我们全家一个小时，本来我们也可以晚一些起床，多休息一会儿。现在，请你回家吧，因为我们中午都要午休。"朱莉没想到马克会直接赶走她，神情沮丧地离开了马克的家。

这个时候，妈妈知道朱莉因为迟到会碰壁，还在楼下等着朱莉呢。朱莉对妈妈说："妈妈，马克很不近人情，我都告诉他我是因为堵车才迟到的，他还责怪我！"妈妈说："朱莉，其实不是马克不近人情，而是你没有提前做好准备，最终导致白忙活一场。如果你昨晚能够提前收拾好礼物，今天就不会晚半个小时出门，也许我们就不会堵车，那么这次约会也不会泡汤。西方国家的人时间观念特别强，所以你要是想和马克成为好朋友，就要提前计划和安排好时间，也要提前做好准备，这样才能避免因为迟到而引起尴尬。而且以后你大学毕业参加工作，因为堵车上班迟到，难道老板就不会批评或者惩罚你了吗？老板只会按照公司的规章制度来，而作为员工，我们必须提前做好一切安排，否则就是狡辩。"妈妈的话让朱莉陷入沉思，良久，朱莉才说："妈妈，很抱歉，是我耽误了时间。我会找机会向马克道歉的，也会改掉磨磨蹭蹭的坏习惯。"妈妈抚摸着朱莉的头，说："这就是你此行的最大收获。"

有的人是真的很忙碌，他们把每一分每一秒都充分利用起来，而绝不虚度。有的人只是假装在忙碌，而且对于自己的瞎忙毫不自知。

在这个事例中，朱莉因为没有提前做好时间安排，导致自己的忙碌变得毫无意义，这给了她深刻的教训。相信经过这件事情，朱莉一定会改变自己，让自己更加珍惜和合理利用时间。

如今，青少年的学习任务很重，为此一定要学会珍惜时间，避免瞎忙，这样才能提升时间的效用。

记住，不管对于谁而言，时间都是最值得珍惜和宝贵的生命材料，即使是青少年，也要把时间用在刀刃上，这样才能取得最大的收获和最好的结果。

当然，珍惜时间与增强自制力也是密切相关的，只有在强大自制力的约束下，青少年才能远离诱惑，也才能把时间用到该用的地方，让时间开花结果。

全力以赴做重要且紧急的事情

作为一家公司的中层管理者,麦克觉得自己自从升职加薪之后,日子就变得一团糟。他有了大量的工作需要处理,以前他只需要管理好自己,而如今他需要管理十几个人,最重要的是这十几个人脾气秉性各不相同。为此,在应付工作的同时,麦克还需要处理下属们的突发情况,这让他焦头烂额,压根不知道自己如何才能做得更好。

这样度过了一段时间之后,麦克决定寻求帮助,否则他认为自己的状态会越来越差,更加糟糕。麦克找到了一个时间管理的专家,专家听完麦克的倾诉后,对麦克说:"其实,你可以做得更好,工作和生活也会更加秩序井然,效率倍增,更加轻松愉悦。最重要的在于,你要学会合理安排时间,也要学会最高效使用时间。做到这一点,你会发现每天的二十四小时变得长了。"在时间管理专家的建议和指导下,马克对于自己的时间重新规划。他以前总是睡到早晨八点半才起床,然后匆忙赶去公司。现在,他七点钟准时起床,洗澡、吃早餐、听新闻,然后在八点钟赶去公司。到达公司的时候,才八点二十,这也就意味着在九点钟正式开始上班之前,麦克有四十分钟的时间可以进行一天的规划,也可以先进行工作的预热。麦克牢记时间管理专家说过的话——磨刀不误砍柴工,为此他把一天要做的事情按照轻重缓急进行排序,并且将其安排在一天之中相应的时间段里。上午,他会利用大段的时间优先处理那些重要且紧急的事情,除了十点钟喝一杯咖啡之外,他上午没有除了工作之外的其他安排。中午,他会去吃午餐,然后去附近的公园里散步。到了下午,其他同事们因为把中午的休息时间用来网购或者看花边新闻,因而一个个都显得非常困倦,哈欠连天,但是麦克却精神抖擞,活力满满。下午的工作相对轻松,因为麦克在上午就已经处理完了所有重要且紧急的工作,下午只有重要但不紧急和不重要也不紧急的工作需要做。有的时候有突发的情况,麦克也能抽出时间去解决。到了傍晚下班的时候,有的同事会选择留在办公室加班,麦克却每天都能准时下班回家。在回家的路上,他会听音乐或者新闻,回到家里就彻底放下工作,陪着家人一起吃晚餐、聊天。这样的状态坚持了一段时间,麦克觉得自己和家人的关系也变得更好了。回想起曾经忙乱无序的状态,麦克说自己以前不是没有时间,而是没有掌握高效利用时间的诀窍和技巧,所以才会这么紧张忙碌,却没有成效。

很多关于管理时间的书籍都会告诉我们正确的事情排序顺序,但是如果没有强大的自制力作为计划得以执行的保障,再好的计划都只能落空,变得毫无意义的。其实,对于时间的合理规划和安排并没有一定之规,如果我们可以做到充满自制力,也能够按照轻重主次做好每一件事情,那么也可以不制定计划。遗憾的是，这样的人少之又少，尤其是青少年的注意力很容易分散，就更应该在必要的时候采取措施，帮助自己集中时间和精力做好该做的事情。

在做一件事情之前，我们首先要考虑这件事情是否有意义，是否真的是我们想做的，而不要仅凭着一时冲动就浪费宝贵的时间和精力。在做事情的过程中，我们也可以坚持优化时间安排，如在记忆力最好的时候学习，在注意力容易分散的阶段和同学之间进行讨论，在感到困倦的时候完成习题。这样一来，就可以根据不同时间段的效率来合理安排和利用时间。细心的朋友们会发现，是否集中注意力，对于做事情的效率有很大的影响。举个最简单的例子，一个人如果精神涣散，也许要一天才能写出几千字的内容。相反，一个人如果全神贯注、专心致志，那么也许只需要两个小时就能写出几千字的内容。为此，青少年在完成作业的时候一定要集中注意力，全身心投入，这样才能提升写作业的效率，也节省更多的时间。时间不但是生命的载体，也是做各种事情的载体，我们必须合理利用和珍惜时间，才能真正地主宰和驾驭人生，也才能活出自己期待的充实、精彩，让自己的人生变得与众不同。其实，这是一个良性循环的过程，督促自己认真做事情，以自制力控制自己排除干扰，从而又促使效率得以提升，这样一来既节约了时间，也使得自制力得以发展，未来再做事情的时候，一定会有更加出类拔萃的表现。青少年朋友们，请从现在开始，一定要集中精力去做事情，这样才能节省时间，也才能提升自控力，让自己变得更加强大。

抽出时间，重新制订合理的计划

如果你很擅长时间管理，也对于时间管理有独到的见解和深刻的感悟，那么你就会发现一个有趣的现象，那就是任务会自动膨胀，仿佛它们知道你计划花费多少时间用于完成它们一样，最终它们占满了你所有的时间。为了避免浪费时间，针对这种现象，我们要做到的一件事情就是，制订合理的工作计划。换而言之，如果完成一项任务只需要花费你五个小时的时间，那么你就不要计划用一天的时间来完成任务，也不要试图在一天的时间里节省出几个小时的时间用来娱乐和休闲，作为对自己的特别奖励。当你这么做，你就会发现原计划只需要五个小时就能完成的任务，你在一天的时间里都没有完成，而且还拖延到傍晚下班之后加班才最终勉为其难地完成。这到底是为什么呢？其实不是任务自动膨胀了，而是因为你知道自己有一天的时间去完成任务，为此感到懈怠。

细心的青少年会发现，很多时候如果不能提前把任务完成，而是拖延到最后一刻，那么绝大多数情况下任务都要超过期限才能完成。凡事都要做在前面，这样我们才能更加占据主动,也才能变得更加从容。看到这里,你是否有一种冲动,要把原来的计划全都推翻,再重新制订计划。这很有必要,如果你真的想要节省时间。当然,还需要注意的是,即使你的计划重新安排了时间,尽量避免任务自动膨胀,但是要想贯彻和执行计划,你必须具有很强的自控力,这样才能始终督促和激励自己完成任务。

作为一名编辑,若曦此前一直在图书公司工作。后来,她渐渐厌倦了朝九晚五挤地铁上班的日子,决定成为自由职业者,在家里工作。这对若曦而言很容易做到,因为她工作的图书公司里,总有选题会外发给兼职人员,而若曦又有在公司工作的经历,所以拿到外发的选题简直轻而易举,毫不费力。若曦在办理离职手续的同时,就得到了一个选题,而且还是她很擅长的选题。她很开心,觉得自己出师大吉,未来也一定会非常顺利的。

若曦原计划用两个月的时间完成选题。辞职后,若曦休了一个星期的假,决定从休假之后的周一开始工作。然而,周一,若曦起床太晚了。闹铃响了之后,若曦感到很困倦,为此按掉闹铃,想着再睡十分钟就起床,却一不小心睡了回笼觉,导致十点多太阳老高才起床。若曦原计划上午完成三千字,这下子泡汤了。洗漱、吃早午饭,等到若曦开始工作时,已经是一点钟了。吃饱喝足的困倦袭来,若曦很纳闷自己早晨起床那么晚，此刻又开始恹恹欲睡。正在此时，好朋友邀请若曦去喝茶，若曦对自己说："反正在家难逃不小心睡着的厄运，还不如去和朋友喝茶，等到晚上加班呢！"见到朋友，若曦和朋友喝完茶，又去逛街，结果回到家里已经六点多了。她急忙开始工作，怎么也不在状态，结果下午七千字的任务，只完成了两千字，她就困得睁不开眼睛，只好一头扎入被窝里呼呼大睡。在睡意朦胧中，若曦告诉自己："今天欠了八千字，明天我就算是不吃饭不睡觉，也要完成一万八千字。"次日，头一天的情形再次上演，若曦拼尽全力才完成了三千字。等到第三天，若曦就需要完成两万五千字了，这是根本不可能实现的目标。为此若曦推翻自己的计划，重新以第三天为起点制订了新的工作计划。最终一个月过去，若曦才完成了书稿的五分之一，而剩下的五分之四，她必须在一个月内完成，否则逾期上交书稿，将来一定会因为失信而拿不到选题，那就非常糟糕了。

对于自由职业者而言，面临的最大挑战就是必须增强自控力，从而管理好自己，也安排好时间。否则如果总是一而再、再而三地拖延工作，则到了最后的时刻只能夜以继日地赶工，根本无法保证工作质量。

其实，计划人人都会做，如何才能高效执行计划，这是问题的重中之重。对于若曦而言，制订计划是分分钟的事情，但是必须具备强大的自控力，才能保证每天的计划进度都得到实现。否则，一旦有一天的工作任务被拖延，则未来想要追赶上正常进度就会很难。一旦第一次把原计划报废，重新制定计划，未来就会无数次把原计划报废，因而自控力只会越来越差，给我们的学习和生活都带来很大的困难和障碍。

为了避免任务自动膨胀，青少年要避免给予任务太多的时间，而是可以把任务安排得紧凑一些，这样也可以在完成所有的任务后，集中出来大段的时间去做更有意义、更有趣的事情。一个人要想得到更大的自由去自主安排时间，就必须更有自控力，从而控制自己在最短的时间内把事情做好，也督促自己提升完成事情的效率，保证完成事情的质量。这样一来，就可以成为时间的主人，也可以利用时间做更多有意义的事情。

青少年要把自制力用在当下

对于很多重要的事情，我们明知道它们很重要，也意识到越早完成这些事情越好，但是却没有当即去做。这是为什么呢？一则有可能是因为我们已经习惯了拖延，二则有可能是因为我们认为还没有到计划内的时间去做这些事情。不管因为什么原因，如果我们总是这样无限度拖延下去，则一定会导致结果变得糟糕和不可预期。如对于一项学习任务，老师给了我们一周的时间去完成，而实际上完成这项任务只需要两天的时间,那么你不会在一开始的时间里完成任务,而是等到最后两天才仓促完成。的确,如果没有意外或者突发情况,你集中全力是可以保证按时完成任务的,但是你也不知道这两天的时间里会发生什么。等到意外的事情发生,紧急的情况需要你处理,你无论怎么努力都无法在既定时间内完成任务,就会感到很沮丧,自信心也因此受到沉重的打击。这一切怪谁呢?如果你能在最初的两天里完成任务,那么即便意识到自己做得不够完美,也可以在接下来的时间里去弥补和完善,当然比这样被时间驱赶着往前走来得更好。

自制力并非要等到计划内的时间才发挥作用,也未必要等拖延到最后一刻才开始施展威力,就在此刻,我们就可以发挥自制力去做该做的事情,从而让一切进展更加顺利。前文说过,要把事情按照轻重缓解进行划分,先做重要且紧急、不重要但紧急的事情,再做重要但不紧急、不重要也不紧急的事情。遗憾的是,总有人会把事情的顺序颠倒,虽然最终有可能勉强完成任务,但是却没有任何出彩之处。明智理性的人会把事情进行合理安排,也会发挥自控力贯彻和执行计划。计划是为了保障在特定的时间里完成任务,而不是为了让我们找到拖延的借口。

人生,要活在当下,不要总是拖延完成各种事情,也不要总是对于自己缺乏管理和控制。一个真正的人生强者,总是能驾驭自己,主宰生命,而不会在生命的历程中迷失。正如人们常说的，不忘初心，方得始终，也只有真正全力以赴奔向未来，才会赢得未来。

  周末，小雨原本在家里专心致志地完成作业，突然接到同学的电话。原来，同学邀请他一起看电影。小雨很迟疑："我的作业还没有写完呢，我想写完作业再去看。"同学说："我们已经买了票了，就要看这一场。你要是等到写完作业再去看，就只能自己去看，不能和我们结伴了。"小雨当然想和同学一起去看，为此，他想了想，决定放下作业先去看电影。等到小雨看完电影回来，天都黑了。小雨无法按照原计划在当天完成作业，这也就意味着他次日要和爸爸妈妈一起去摘草莓的计划也受到了影响。小雨很郁闷：如果刚才我能坚定一下，先完成作业，晚上再去看电影，那么一切都会很完美。

  小雨询问爸爸："爸爸，我能否等到明天摘草莓回家再写剩下的作业？"爸爸摇摇头，说："不行。你承诺过，要在今天完成作业，明天才能去摘草莓。"小雨又问："那么我今天可以熬夜写作业吗？我看完电影回家，写作业的效率降低，要不是看电影，我晚饭前就可以完成所有作业的。"爸爸语重心长对小雨说："小雨，有自制力的孩子是不会为了不重要也不紧急的事情打破原定计划的。你应该很清楚是否能在今天完成作业，关系到你明天摘草莓的出行计划，而看电影既可以在晚上去看，也可以在明天摘草莓之后回家再去看。很遗憾，你明天不能和我们一起去摘草莓，只能留在家里写作业。"小雨很懊悔，这对他是个深刻的教训。

对于当下正在做的事情，如果是重要且紧急的，一定不要轻易放手，否则再想按照原计划完成，就会很难。在上述事例中，小雨恰恰把事情本末倒置，为了不重要也不紧急的看电影活动，放下了手里的作业，导致次日的摘草莓活动也受到影响，可谓是引起了一系列的后果。作为青少年，一定要学会安排学习和生活，也要能够合理利用和规划时间。如果能够在计划的指引下，按部就班做好事情，也能够把自制力投入于当下，就可以排除很多干扰因素，从而让计划顺利推进和实现。

克莱门特·斯通是大名鼎鼎的销售大师，在保险销售行业，他表现尤其突出。后来，他创办了自己的公司，他对所有的员工都有一个要求，那就是每天只要踏进公司，就要告诉自己"现在开始"。不得不说，这样活在当下、始于当下的精神，是值得每个人学习的。

每个人的自制力都是有限的，常常会出现因为缺乏自制力而无法控制和督促自己的情况，为此我们也可以把这句话设置为自己的电脑桌面，或者手机屏幕保护，这样一来随时随地都可以提醒自己"现在开始"。作为青少年，还可以把这句话写在自己的书本上，也可以把这句话贴在铅笔盒上，都是很不错的选择。

总之，唯有牢牢记得这句话，才能始终督促自己努力向前，也全力以赴奔向想要的成功和理想。

现代社会，随着电子产品的普及，青少年也往往拥有智能手机，这直接导致他们受到的诱惑和干扰因素更多。例如，很多青少年在写作业的时候会情不自禁翻看手机，还会在朋友圈发动态，也会看其他同学的朋友圈。这其实和很多成人的工作状态相似，太多人不由自主就会拿起手机看一看，几条娱乐新闻看过去，十几分钟甚至几十分钟就没有了。

不得不说，这是非常糟糕的现象，对于青少年学习和成人工作都只有坏处，没有好处。要想全心全意投入学习，要想全神贯注投入工作，就要远离手机。可以把手机放得远一些，不要把手机放在一伸手就能拿到的地方。作为学生，没有必要使用智能手机，那么也可以换成学生专用手机，即不能上网，不能用微信和聊QQ，只能接打电话或者发信息使用。这样一来，就减轻了诱惑因素，也让增强自控力变得更加可行。

一个人正在做着某件事情，并不意味着他真的全身心投入在做，所以我们一定要真诚对待自己，而不要自欺欺人，假装做出忙碌的样子，向着全世界宣告：看看吧，我正在做，我的确很忙。否则，结果就会很糟糕。只有真的全力投入，才会有好的回报和结果。

青少年要学会把时间归零为整

生活中，有很多碎片时间，为此如今在网络上特别流行碎片文化。所谓碎片文化，就是一篇篇很短的小文章，字体很大，还有插图，让人看的时候既不需要花费很多的时间，也不会觉得疲劳。这样的碎片文化美其名曰是文化，实际上很多时候会把我们的时间割裂，让时间变得更加零碎。例如，一个人原本有三个小时的时间可以工作，结果因为中途看手机，不知不觉就花费了半个小时的时间，这样，时间被割裂开，要想再次投入工作的状态就需要花费很多时间，才能做到全神贯注，全心投入。可以说，因为看手机而浪费的时间绝对不仅仅半个小时，而是有可能达到一个小时。这样一来，使得原本三个小时可以完成的工作量大打折扣，甚至变得对折。不可否认，大段的时间更适合用来做重要的事情，我们除了要避免把时间割裂之外，还要学会把零碎的时间整合起来。所谓整合，一则指的是在可行的情况下把时间集中到一起，二则指的是把零碎的事情分开来做，充分利用零碎的时间，从而让零碎的时间发挥最大的效力。

不管采取哪种方式把时间归零为整，都可以提升时间的利用效率，也可以扩大时间的效用，对于珍惜时间有很大的好处。现实生活中，很多人对于大段的时间看得很重，而对于零碎的时间则往往熟视无睹，任由时间就这样悄然流逝，为此时间的利用率很低。哪怕是零碎的时间不能整合到一起，我们也可以利用零碎的时间做一些事情。举个最简单的例子，每天等公交车去学校的十几分钟或者几分钟时间里，可以用随身携带的小本子抄录英语单词，用于随时记忆。在等着老师来开会的时间里，也可以看一篇散文，陶冶情操。而不要总是觉得时间短暂，就任由时间悄然流逝。所谓积少成多，聚沙成塔，正是要抓住点点滴滴，才能有更好的收获。

　　古今中外，很多人之所以能够做出伟大的成就，就是因为他们很擅长见缝插针使用时间。如在西方国家，朗费罗利用每天煮咖啡的时间翻译完成《地狱》，哈利特·比彻·托斯夫人一边做家务，一边利用闲暇时间创作了《汤姆大伯的小屋》……每个人每天都有很多的闲暇和零碎时间，我们所要做的不是羡慕他人创造了奇迹，而是也要从现在开始当机立断珍惜和充分利用闲暇时间。作为一名初中生或者高中生，甚至是大学生，如果始终都能坚持利用闲暇时间背诵和记忆英语单词，那么英语考级就不再是难题；如果始终都能够坚持利用闲暇时间进行文学创作，那么写出来的文字就会文采斐然，打动很多人；如果能够利用闲暇时间进行思辨，提升演讲能力，则就能从一个内向者变得口若悬河、滔滔不绝……

　　总之，千万不要小瞧这些闲暇时间，它们就像是珍珠散落在各个地方，如果我们以自控力作为一根线把这些珍珠串联起来，那么它们就会摇身一变，成为价值连城的珍珠项链。

有人说，利用闲暇时间学习就像是废物利用，虽然利用闲暇时间的确是变废为宝，但是这样的说法并不恰当，因为闲暇时间从来不是废物，更不曾毫无用处。作为时间的主人，我们从未发现闲暇时间的巨大价值，也没有对闲暇时间进行整合利用，所以才让闲暇时间的资源搁置了而已。青少年朋友们，读到这里，相信你们一定意识到了闲暇时间的重要性，那么就从现在开始，坚持把闲暇时间利用好吧。你们要相信，努力总会有收获，一个人把时间用在哪里，哪里就会开花结果。

具体而言，除了背诵英语单词之外，零碎的时间还可以用来做什么呢？

很多青少年说自己没有时间运动锻炼，也没有时间发呆，其实，只要利用好闲暇时间，就可以运动。例如，花费五分钟时间做下蹲起，或者用十分钟时间冥想，或者用几分钟的时间把自己的书包收拾和整理一下，还可以利用闲暇时间给父母打个电话报平安，或者利用闲暇时间反思自己对于一件事情的处理和解决方案是否合理，这些都是很好的选择，都可以充分利用闲暇时间，让闲暇时间的价值最大化。如果每个人每天都能把零碎时间用于做好一些小事情，则他们就会有更多的大段时间去做重要的大事情。

说起来，把这些散落的珍珠串联起来，正是珍惜时间的好方法之一，也会取得卓越的效果。

明智的少年会保持人生的平衡

有太多的人忙于工作，而渐渐地遗忘了生活最初的目的和本心。尤其是在大城市里，太多的年轻人每天天不亮起床，天黑了才披星戴月回家，坚持每天在外面吃三顿饭，即便休息的时候也累得没有精力做好一餐犒劳自己的胃。因为总是吃快餐或者外卖，他们无法获得均衡的营养，只能靠吃蛋白粉或者维生素，来保持身体的正常运转。不得不说，这样疲于奔命的日子给人们带来了很多的困扰，也让人们渐渐地忘却了自己的最初的梦想，不知道自己如此坚持拼搏到底是为了什么。曾经有个年轻人在大城市打拼，几年的时间里都没有回家，每次父母打电话让他回家看看，他总是说等有钱了就回家。终于有一天，他积攒了一笔钱，兴致勃勃地回家，却发现父亲已经去世多年。古人云，树欲静而风不止，子欲养而亲不待，这句话给无数人都敲响了警钟。还有些年轻父母因为始终全身心投入工作，没有时间陪伴和抚养孩子成长，等到有朝一日孩子长大了，不听他们的话，也没有成就，他们会抱怨孩子没出息，却不知道他们把时间花在哪里，哪里就会开花，而他们只把时间投入工作，所以他们只配得到这个世界上最廉价的回报，那就是金钱。

在大自然里，万事万物之间都保持着平衡，很多生物之间还存在生物链的关系。一旦生物链被打破，物种的存在就会失去制约，也因此导致失去平衡，后果当然很严重。其实，人也是生物链中的一个环节，而且处于生物链的顶端。为此，人不但要在自然界的生物链里找准位置，助力于保持生物链的平衡，也要保持生活的平衡，这样才能让自己生活得更好，也才能得到命运的丰厚回报。

青少年也有自身的平衡需要维持，虽然要以学习为重，但也要兼顾休息，这样才能做到劳逸结合，实现可持续性发展。如今有很多学校都要求孩子必须德智体美劳全面发展，就是为了让孩子们均衡发展，健康快乐。遗憾的是，如今有很多父母对于孩子的学习过度重视，总是紧盯着孩子的学习成绩不放，则无法面面俱到关心孩子，也导致亲子关系紧张。只有平衡的生活才是美好的生活，也只有平衡的生活才是值得我们期待和付出的。那么，平衡的生活对于青少年而言到底包括哪些方面的内容呢？

首先，平衡的生活要保持生活重点的平衡，即把学习和生活放在天平上，使其保持平衡状态，这样一来就可以避免为了学习而忽略生活，也可以坚持劳逸结合，从而做到可持续性发展。

其次，要把学习成绩和人品平衡起来。俗话说，先成人，再成才。如果孩子本身不成人，没有正确的思想和观念，就算有才华又有什么意义呢？

再次，要把时间的分配保持平衡。吃喝拉撒睡是人的基本生理需求，每个人都需要在满足这些生理需求的基础上，才能有更好的发展和成长。青少年要想保持时间平衡，就要对时间进行划分，把时间分配到各个方面，如吃饭、睡觉、学习、玩耍等。

最后，让成长平衡。随着不断地成长，青少年需要建立和保持的平衡越来越多，那么就要在平衡的状态下成长，这样才能始终维持良好的状态。当然，这里所说的平衡并不是平均分配，而是可以有所区分去对待的。所谓的平衡指的是相互助力的状态，也是相互的牵制和制约。有的时候，如果保持绝对的平衡，反而不能起到最佳的平衡效果。为此平衡也要与时俱进，根据实际情况去保持，才能更加有效。

当然，保持平衡并不是一件简单容易的事情，需要有强大的自控力才能真正实现。有些青少年也许不明白平衡和自制力之间的关系，其实只有自制力足够强大的人才能真正掌控时间，也才能在生活的不同要素之间始终保持微妙的平衡状态，也始终都能让这些要素均衡向前发展。现实生活中，很多人都抱怨自己每天的时间都不够用，根本没有机会去做真正想做的事情。其实，导致这种现象出现的原因不是没有时间，而是对于想做的事情不够迫切。如果一个人真正迫切地想做一件事情，就是面对再大的困难和障碍，他也会努力去做，就算没有时间，他也会像从海棉里挤出水一样挤出时间。加拿大作家艾丽丝·门罗获得了诺贝尔文学奖。她是一位母亲，养育了四个孩子，可想而知她的生活必然很忙碌，因为有那么多孩子需要她照顾。正是在这样紧张忙碌的生活中，那个年代没有洗衣机、洗碗机等智能化电子产品，凡事都需要亲力亲为，她却能够坚持写作。这是因为她是自己生命的主宰，所以她只要愿意，就总是能够节省出时间来做自己喜欢做也愿意做的事情。日本大名鼎鼎的作家村上春树也是先从业余作者做起的，他最初全职工作，只有到了下班之后才有时间从事文学创作。这样的争分夺秒，最终让他成为了大名鼎鼎的作家，在文学领域取得了伟大的成就，也让他的过去和现在，以及未来之间建立了平衡。村上春树因为写作的原因需要久坐，为此身材发胖，他从三十三岁就开始坚持跑步，每天十公里。对于一位从事创作的人而言，这样的习惯保持起来很难，但是他风雨无阻，从未有过一天的间断。这是因为自控力很强的村上春树知道，一旦自己有一天中断，次日很有可能也会找各种借口让自己赖在温暖舒适的被窝里，而不愿意起床。正是因为有如此强大的毅力，也有自控力来主宰自己，村上春树才会做出这么了不起的成就。

　　孩子们，从现在开始再也不要找各种理由和借口让自己逃避，而是要坚定不移地去做，这样才能表现出更加强大的精神，也才能在成长的道路上始终坚持不懈，勇往直前。请你们一定要记住，不是你们没有时间，而在于你们是否愿意挤出时间，是否真的想做自己要做的事情。一个人如果连自己都不能掌控，还如何掌控人生呢？而偏偏掌控和驾驭自己，对于每个人而言都是很艰难的事情，都是需要非常努力和用心，也绝对坚持不懈，才能真正做到的。

不要为毫无意义的人和事情浪费时间

这里所说的"不要为毫无意义的人和事情浪费时间"，所指的毫无意义并不是说戴着有色眼镜看人，而是说要学会在利用关键时间做重要的事情时对于无关的人和事情表示拒绝，这样一来才能保证自己有大段的时间做事情，也才能尽量避免被打扰。当然，如果是在家里或者是在班级里，当你需要专心致志做重要的事情而不希望自己被打扰的时候，还可以提前告诉身边的人，从而为自己营造一个无干扰的环境，提升做事情的效率和对时间的利用率。

青少年要想有效利用时间，就要学会捍卫自己的时间，捍卫自己的学习和生活。很多成人都知道在专心致志工作的时候要拒绝办公室闲谈，拒绝在网络上的各大论坛中灌水或者浏览花边新闻，拒绝接听无关的电话，必要时甚至可以暂时关掉手机。青少年也要知道，在课堂上为了保证专心听讲的效果，是不允许同学们喧哗吵闹的，在课后完成作业的时候，最好也有自己独立的房间，有专用的书桌，这样才能全神贯注把作业写好，也才能避免因为干扰而扰乱心绪，使得做事情的效率大大降低。

毋庸置疑，不管是写作业还是完成工作，不管是青少年还是成年人，都要做到全身心地投入，才能把学习学好，也才能把工作做好。否则总是一心二用，三心二意，如何才能提升效率，也提升对于时间的利用率呢？除了在专心致志做事情的时候要拒绝无关的人和事情之外，毫无意义的人和事情还包括那些心态消极的人，因为他们就像是一个负能量团，与他们交往需要花费我们大量的时间和精力，但是我们最终从他们那里得到的只有消极沮丧的情绪，也会因此而不自觉地受到他们的影响。曾经有心理学家指出，无休止的抱怨会导致能量流失，非但无法解决任何问题，还会导致事与愿违。拒绝毫无意义的人和事情，还包括拒绝网络上那些陌生人，以及他们不由分说灌输给我们的各种观点。因为大家都是隔着屏幕在交流，所以网络上的人更是会发泄出自己的负面能量，而很少顾及到他人的想法和感触。也就是说，在现实生活中人与人之间存在的友好和善与相互负责的态度，在网络上极大减弱，甚至根本不存在。为此，我们必须要学会拒绝网络上铺天盖地而来的陌生人和各种观点，而更加坚定不移做好自己，这比什么都重要。

当然，网络不是洪水猛兽。在网络上，有些讲究科学的观点还是正确的，我们无需彻底抵制，而是要取其精华，去其糟粕，这样才能有所选择，也才能让自己吸收更多的营养，而放弃那些毫无养料的东西,彻底摒弃那些会给我们带来负面影响的东西。作为青少年,正处于身心发展的关键时期,因此一定要瞪大眼睛仔细甄别,用心判断,才能避免自己受到不良影响。

最近这段时间正值初三复习的总攻阶段,为此学习的任务非常繁重,学习的压力非常大,班级里的大多数同学每天都埋头苦干,却依然有堆积如山的作业。有极少数同学根本不愿意完成作业,而且总是怨声载道。

有一天放学,佩佩正背着书包抓紧时间往家里走,突然遇到了同班同学小罗。小罗赶紧走到佩佩身边,和佩佩搭讪:"佩佩,你作业完成多少了?"佩佩说:"就利用最后一节自习课完成了少量的数学题,英语和语文的作业还没有开始呢!"小罗说:"哎呀,每天都有这么多作业,简直要把我们累死了。老师也不知道是怎么想的。"佩佩赶紧说:"可别这么说,老师也是为了我们好,希望我们能考上重点高中,将来才能考上好大学!"小罗说:"考上重点高中比现在更累,非得掉几层皮不可。我告诉你佩佩,你可别盼望着考重点高中,我敢保证你会后悔的……"小罗的话还没有说完,佩佩就嚷嚷道:"好啦,好啦,别说了,我不想听你说话了。你可以不写作业,但是你不能让我也不写作业。我就愿意写作业,被这么点儿作业就吓到了,将来什么也做不成!"从此之后,佩佩只要看到小罗就故意躲着走,她正在复习冲刺的关键时期,可不想让小罗这种人扰乱她的军心,更不想因为小罗就惹得自己心烦意乱。

对于那些说话不中听、志不同道不合的人,与其浪费宝贵的时间和精力与他人交往,受到他们消极思想的影响和腐蚀,不如直接拒绝他人,远离他们,这样一来还能用这些时间去做更有意义的事情。

在上述事例中,佩佩的选择就很正确。她不愿意和小罗继续沟通,为此明确拒绝了小罗,也在平日里看到小罗的时候刻意保持拒绝,正是因为如此,她才能坚持自己积极的想法,也尽快回到家里继续完成作业。

现实生活中,很多人都容易被熟人情感绑架。看到熟悉的人心情不好想要倾诉,他们碍于面子只好认真倾听;看到熟悉的人说出很多负面的言论,传达出消极的思想,他们不好意思走开,就只能被动接受这样的负能量。

其实,人是有选择权的,每个人既有权利决定自己怎么想怎么做,也有权利决定是否要听别人的倾诉和表达。只有坚定不移做好自己,我们才能在成长的道路上更加勇往直前,做好自己该做的事情,也坚定不移走出属于自己的人生之路。

朋友，你知道番茄闹钟吗

一个偶然的机会里，我看到了番茄闹钟，觉得很有意思。其实就是一个番茄形状的定时器，看起来红彤彤圆乎乎的，非常可爱。每个番茄闹钟都有固定的时间，为此我们要在番茄闹钟的时间里完成既定的任务，这样一来就会逼着自己必须提升速度，保证质量，从而使得效率变得越来越高。追根溯源，才知道原来弗朗西斯科·西里洛早就创造了番茄工作法，用以帮助人们更好地规划和掌控时间。

具体而言，番茄工作法就是把时间进行划分，分成很多个番茄，而每个番茄都代表特定的时长。在固定的时长内，我们要完成一项任务，在此期间必须做到全神贯注、专心致志，而绝不要做和任务本身没有关系的事情。等到一个番茄时间结束，你的任务也完成了，那么你就可以略作休息，然后再在下一个番茄时间内做另外一项任务。如果你连续以这样高效率的方式度过四个番茄时间，那么接下来你可以稍微休息长一些时间，从而让自己的精力和体力都得到恢复。番茄工作法的核心原理在于什么呢？利用番茄工作法，将番茄闹钟当成定时器，可以帮助我们在特定时间内把所有的注意力都集中在某一件事情上，可以说是注意力的高度集中，也是精力的集中释放。通常，一个番茄时间是二十五分钟，这个时间段让人们既可以全力以赴，又不至于觉得太累，进行完一个番茄时间的任务，马上就能通过短暂休息恢复体力和精力。看到这里，也许有朋友会问，在一个番茄时间内，如果有人打电话过来，能不能接电话呢？当然不能，因为电话一旦接起来，你无法直接告诉对方你正在番茄时间里因而暂时不能和他交谈，略微进行一番寒暄，就会导致你的效率大大降低，也会使得你在一个番茄时间内完成任务的计划失败。说得更加深入一些，在番茄时间里，我们其实是在以和时间赛跑的状态学习或者工作，完全是争分夺秒，不能浪费一分一秒。所以明智的做法是，如果看到是陌生电话，或者知道打电话来的人不会有什么紧急的事情，那么就不要接电话。等到你完成一个番茄时间的任务，再利用休息时间给对方回拨，这是更加合理且明智的选择。

　　当然，使用番茄方法学习和工作，我们需要先设定自己的番茄数量。如果今天有十项任务需要完成，那么就可以设定十个番茄，每个番茄分别代表不同的任务。例如，第一个番茄是完成作文草稿，第二个番茄是誊抄作文，第三个番茄是完成一张数学试卷，第四个番茄是完成一张语文试卷，第五个番茄是完成三篇英语阅读理解……这些番茄分别代表不同的内容，每当删掉一个番茄，我们就会产生成就感，也会觉得内心非常自豪，获得成功的喜悦。这样一来，就相当于把无形的任务变得具体形象，每个任务都是一个红彤彤的番茄，想想就很让人高兴，对不对？当然，根据任务的不同，要为每个番茄设定具体的时间。例如完成作文草稿至少需要半个小时，那么我们可以把这个番茄设置成35分钟；完成一张数学试卷需要25分钟，那么可以把这个番茄设置成25分钟；完成三篇英语阅读理解需要15分钟，那么就把这个番茄设置成45分钟……这样有的放矢设置时间，才能避免时间太长导致任务自动膨胀，也能避免时间太短无法完成任务而导致任务堆积。当然，青少年对于完成每项工作的时间是可以进行预估的，毕竟我们每天都要完成工作。

需要注意的是，番茄时间的设置不要超过一个小时，因为长久地坐在那里一动不动，对于身体健康是极其不利的。为此，可以把大的任务进行适当划分。例如，把一项艰巨的任务划分为三个番茄去完成，每个番茄的时间都是一个小时，这样一来可以在每个番茄时间的间隙里站起来进行短暂活动，让身体恢复活跃的状态。此外，人的注意力很难保持一个小时以上的集中，为此把每个番茄时间设置在不超过一个小时，除了让身体得到休息之外，还可以让大脑也得到休息，这很重要。在任务各不相同的番茄时间间隙中，我们可以休息十分钟。如果是同一个任务被划分为三个番茄时间，为了保持良好的思路和状态，我们可以把休息的时间缩短为五分钟。在持续完成一个任务的几个番茄时间后，作为对自己的奖励，可以休息二十分钟或者三十分钟。当然，休息时间的设定也是根据当天任务的多少来确定的。如果休息时间过短，我们无法得到有效休息；如果休息时间过长，我们又无法保证完成所有的番茄时间。因而设定番茄时间最好在一天的早晨进行，这样可以对于一天的任务进行统筹安排，才会提升对时间的利用率，也会最大限度实现时间的有效利用。

当自控力薄弱，或者担心任务太多，无法一一记住的时候，可以在设置番茄时间的时候，列一个表格，每个表格上都注明需要完成的任务，以及预计花费的时间。每当完成一个番茄时间，就可以在这一项的后面打钩。一天下来，看到满满一页纸上都是打好的钩，我们一定会非常自豪，也会感到很充实，很有意义。这样的成就感是显而易见能够看到的，随着任务一项又一项完成，我们不会觉得疲惫，反而会更加充满干劲。番茄工作法是一个很有效果的方法，虽然简单，却很实用，而且效果立竿见影，为此可以在学习、工作和生活中都加以利用。当然，最开始在使用番茄工作法的时候，我们对于每个任务所需要的时间估算不一定很准确，那么在练习的过程中，我们的估算会越来越趋于准确，使用番茄工作法的效率也会大大提升。所以不要着急，为了让自己拥有一个好方法助力学习，我们付出辛苦去尝试是完全值得的。只要坚持去做，就一定会越来越好，也一定会越来越成功！

参考文献

[1] 菲尔图. 你不是迷茫,而是自制力不强[M]. 北京:化学工业出版社,2018.

[2] 曾杰. 情绪自控力[M]. 江西:江西人民出版社,2017.

[3] 麦格尼格尔. 自控力[M]. 王岑卉,译. 北京:北京联合出版社,2017.